生物分离实验技术

主　编　孙诗清
副主编　赵永军　张　儒
参　编　黄德英　葛志刚　张　慧

北京理工大学出版社
BEIJING INSTITUTE OF TECHNOLOGY PRESS

图书在版编目（CIP）数据

生物分离实验技术 / 孙诗清主编．—北京：北京理工大学出版社，2016.11(2023.1重印)
ISBN 978-7-5682-3420-7

Ⅰ．①生…　Ⅱ．①孙…　Ⅲ．①生物工程-分离-实验　Ⅳ．①Q81-33

中国版本图书馆 CIP 数据核字（2016）第 290846 号

出版发行 / 北京理工大学出版社有限责任公司
社　　址 / 北京市海淀区中关村南大街 5 号
邮　　编 / 100081
电　　话 /（010）68914775（总编室）
82562903（教材售后服务热线）
68948351（其他图书服务热线）
网　　址 / http://www.bitpress.com.cn
经　　销 / 全国各地新华书店
印　　刷 / 廊坊市印艺阁数字科技有限公司
开　　本 / 787 毫米×1092 毫米　1/16
印　　张 / 6
字　　数 / 150 千字
版　　次 / 2017 年 2 月第 1 版　2023 年 1 月第 2 次印刷
定　　价 / 18.00 元

责任编辑 / 陆世立
文案编辑 / 赵　轩
责任校对 / 周瑞红
责任印制 / 李志强

图书出现印装质量问题，请拨打售后服务热线，本社负责调换

前　言

生物分离工程是从动植物、微生物及其基因工程产物中提取分离达到一定标准的有用物质的技术。生物分离的特点之一就是待分离的物质种类繁多。这些物质既包括天然的生物大分子和小分子，也涵盖基因工程改造的产品等。面对众多的生物物质，分离纯化策略的选择就成为了实现其产业化的技术关键。与化工产品的分离纯化相比较，生物物质的分离纯化有以下主要特点：

（1）生物材料的组成极其复杂，常常包含数百种乃至几千种化合物。其中许多发挥功能的产物至今还是个谜，有待进一步研究与开发。有的生物物质在分离过程中还在不断地代谢，所以想找到一种适合各种生物物质分离纯化的标准方法是不可能的。

（2）许多生物物质在生物材料中的含量极微，只有万分之一或几十万分之一。需要多步的分离纯化操作，才能达到所需纯度的要求。例如，从红豆杉中分离紫杉醇，从脑垂体组织提取释放因子，大多需要吨级生物材料，才能提取出克或毫克级的产品。

（3）许多生物物质，尤其是生物大分子一旦离开了生物体内的环境时就极易失活或构象改变，因此分离纯化条件也必须保证产物的基本性质不变，过酸、过碱、高温、剧烈的搅拌、强辐射及本身的自溶等都有可能使生物物质的基本性质发生改变，所以分离纯化的条件相对苛刻。

（4）生物物质的质量标准高，既要有物理化学性质的要求，也要有生物学性质的测定。同时对于生物实验一般存在较大的批间差异，操作人员的实验技术水平和经验对产品产量和质量会有较大的影响。

针对上述特点，生物物质的分离纯化方法和流程的设计就必须多参考前人的工作，吸取其经验和精华，按照以下的步骤进行某一物质的实验设计。

① 确定所要制备生物物质的目的和要求，是用于科学研究还是工业生产，若产业化是出口还是内销，所售地区的该物质标准要求。

② 建立相应可靠的分析测定方法，这是分离纯化生物物质的关键，因为它是整个分离纯化过程的“眼睛”，用它来评价每一步的效率。

③ 通过文献调研和预实验，掌握目标产物的物理化学和生物学性质。

④ 分离纯化方案的选择和探索，这是最困难的过程，需要进行反复的验证。一般在产物的粗分离流程中，选择一些快速、分辨力不高的、能较大地缩小体积和较高负荷能力的方法，如吸附、萃取、沉析法等。在精分离流程中，选择分辨率高、负荷适中、操作简单的方法，如各种色谱分离。

⑤ 产物的浓缩、干燥和保存。针对不同的产物所采用的方法也是千差万别的，如热敏物质可能就不能选择高温浓缩、气流干燥、常温保存等，可选择膜过滤浓缩、真空干燥或冷冻干燥、低温保存等。

目前，在生物物质的分离纯化方法中，大体从以下几个方面来寻找其差异性，进而达到一定的纯化目的。

① 以物质的溶解度差异为依据的方法，如盐析、萃取、分配色谱、沉析和结晶等。

② 以物质的分子量大小和形态差异为依据的方法，如差速离心、区带离心、超滤、透析和凝胶过滤等。

③ 以物质所带电荷差异为依据的方法，如各种电泳、离子交换色谱等。

④ 以生物学功能专一性为依据的方法，如酶联免疫、亲和层析等。

根据上述生物物质分离纯化的特点，按照生物物质分离流程进行设计，选择产物与杂质的不同差异性，遵循尽量缩短整个分离纯化流程和提高单元操作的效率及选择性，综合运用化学、工程、生物、数学、计算机等多学科知识和工具，生物物质分离纯化的过程优化一定会取得实质性的突破。

本书由嘉兴学院孙诗清任主编，由嘉兴学院赵永军、湖南工程学院张儒任副主编，参与本书编写的有复旦大学黄德英，嘉兴学院葛志刚、张慧。编写分工如下：孙诗清（第一部分以及第三部分实验五、实验九），赵永军（第二部分实验一至四），葛志刚（第二部分实验五、实验九），张慧（第二部分实验六、实验七）和张儒（第二部分实验十、第三部分实验一至四和实验十）以及黄德英（第二部分实验八、第三部分实验五至八），他们都是长期在教学和科研第一线工作的有经验教师。同时感谢北京理工大学出版社在本书的出版中给予的许多帮助和认真仔细的审阅。

本书主要适用于生物工程及相关专业的本科生，也可供生物相关专业的研究生及科研工作者参考。各个高等学校可以根据自己的实际情况开展部分内容进行科学实验。

由于编者水平有限，书中难免有错误和不足，敬请读者批评指正。

CONTENTS 目录

第一部分

液—固分离

实验一　高速冷冻离心机的使用方法

一、目的要求

1. 了解高速冷冻离心机的结构、使用方法及注意事项。
2. 掌握生物物质、微生物菌体离心分离的原理。

二、实验原理

高速冷冻离心机是利用离心力对混合溶液进行分离和沉淀的一种专用仪器，在实验室分离和制备工作中是必不可少的工具，其最高速度可以达到25 000 r/min，最大离心力可达89 000 *g*。这类离心机通常带有冷却离心腔的制冷设备，温度控制是由装在离心腔内的热电偶检测离心腔的温度。高速冷冻离心机有多个内部可变换的转子，它们大多用于收集微生物菌种细胞碎片以及一些沉淀物等。

三、仪器与试剂

大肠杆菌发酵液、天平、高速冷冻离心机（图1-1-1）、离心管。

图1-1-1　高速冷冻离心机

四、实验操作与步骤

（1）使用前先检查离心机开关状态，离心管是否泄漏。

（2）选择与离心管匹配的转子安装到离心腔内承载转子的轴上。

（3）接通电源，打开电源开关。

（4）将待离心的发酵液装入合适的离心管中，装液量不宜超过管体积的 2/3，盖上离心管盖，精密平衡离心管，并对称地放入转子中。

（5）选择离心温度、转子类型、转速和离心时间。

（6）完成设置以后，按起动开关，并观察离心机上的各个指示是否正常工作。

（7）离心结束后，关闭冷冻开关、电源开关、切断电源。

（8）将转子取出并擦净，将离心机的盖子敞开放置。

（9）收集离心物，洗净离心管。

五、实验说明

（1）高速冷冻离心机的转子是镶置在一个较细的轴上，要求精密的平衡离心管及内含物。

（2）当转子只是部分装载时，管子必须相互对称地放在转子上。

（3）装载溶液时，要根据离心管的具体操作说明进行，要根据离心液体的性质、体积选择合适的离心管，液体不得装得过多，以防离心时甩出，造成转子生锈或者腐蚀。

（4）每次使用时，要仔细检查转子，及时清洗、擦干，转子是离心机中须重点保护的部件，搬动时不能碰撞，避免造成伤痕。转子长时间不用时，要涂一层光蜡保护。

（5）转子在使用前应放置在冰箱或置于离心机的转子室内预冷。

（6）离心过程中不得随意离开，应随时观察离心机上仪表是否正常工作，并注意声音有无异常，以便及时排除故障。

（7）每个转子各有其最高允许速度，使用时注意不能过速使用。

六、思考题

1．影响离心分离的因素有哪些？

2．如何进行密度梯度离心？

3．离心操作除能进行液—固分离以外，还能在哪些方面进行应用？

实验二　差速离心分离玉米线粒体

一、目的要求

掌握差速离心法分离植物线粒体的技术及其应用。

二、实验原理

利用沉降系数不同的颗粒，在一定介质中沉降速度的差异，采取分级差速离心的方法，将线粒体从细胞悬液中逐级分离出来。离心用的悬浮介质通常用缓冲的蔗糖溶液，它比较接近于细胞质的分散相，在一定程度上能保持细胞器的结构和酶的活性，在pH7.4的条件下，亚细胞组分不容易重新聚集，有利于分离。

三、仪器与试剂

1．材料

玉米黄化幼苗。

2．主要试剂和仪器

分离介质：0.25 mol/L蔗糖、50 mmol/L的Tris-HCl缓冲液（pH7.4）、3 mmol/L EDTA、0.75 mg/mL牛血清白蛋白（BSA）；0.3 mol/L甘露醇（pH7.4）、20%次氯酸钠（NaClO）溶液、1%詹纳斯绿B染液、生理盐水。

温箱、冰箱、冷冻控温高速离心机、显微镜、电热恒温水浴锅（图1-2-1）、解剖盘、剪刀、镊子、双面刀片、载玻片、盖玻片、漏斗、小烧杯、表面皿、吸管、吸水纸、纱布。

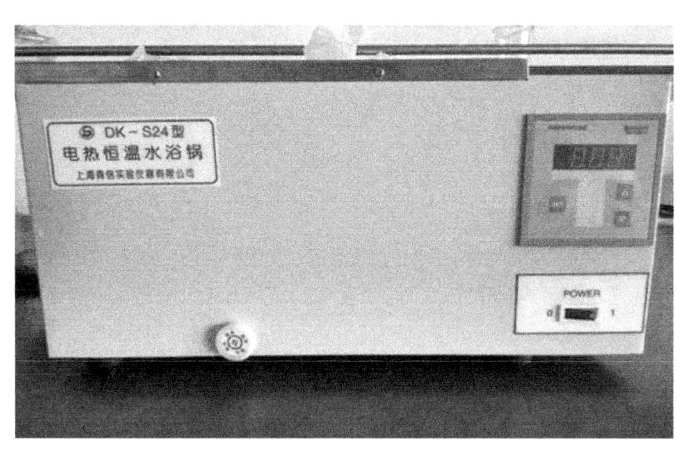

图1-2-1　电热恒温水浴锅

四、实验操作与步骤

（1）玉米种子用 20% NaClO 溶液浸泡 10 min 消毒，清水冲洗 30 min，再浸泡清水 15 h。将种子平铺在放有湿纱布的盘内，保持湿度，置温箱 28℃于暗处培育 2～3 d。待芽长到 1～2 cm 长时剪下约 15 g，放置 0℃～4℃冰箱 1 h。

（2）加 3 倍体积分离介质，在瓷研钵内快速研磨成匀浆。

（3）用多层纱布过滤，滤液经 700 *g* 离心 10 min。除去细胞核和细胞碎片沉淀。

（4）取上清液 10 000 *g* 离心 10 min，沉淀为线粒体。再同上离心洗涤一次。

（5）沉淀为线粒体，可存于 0.3 mol/L 甘露醇中，注意以上匀浆化及离心均控制在 0℃～4℃进行。

（6）线粒体的检测：取线粒体沉淀涂在清洁的载玻片上，立即滴加 1%詹纳斯绿 B 染液染色 20 min，放上盖玻片，用显微镜观察，线粒体是蓝绿色圆形颗粒。

五、实验说明

整个操作过程应注意使样品保持 4℃，避免酶失活。

六、思考题

1. 玉米黄化幼苗的制备条件对线粒体的制备有无影响？
2. 细胞核与线粒体的分离除了差速离心以外，还有哪些方法能够进行分离？

实验三　恒压过滤常数的测定

一、目的要求

1．掌握恒压过滤常数的测定方法。

2．学会测定过滤常数 K、q_e、θ_e 及压缩指数 S 的方法。

3．加深对过滤操作中各影响因素的理解。

二、实验原理

过滤是在一定的压力或真空度的作用下，发酵液中的液体通过介质的孔道而固体颗粒被截留下来，从而将发酵液中的液、固两相有效地进行分离的一种常用单元操作。因此，过滤在本质上是流体通过颗粒层的流动，所不同的仅仅是固体颗粒层厚度随着时间的延长而增加，因而在过滤压差不变的情况下，单位时间得到的滤液量也在不断下降，即过滤速度不断降低。其中，过滤速度表示为单位时间内通过单位过滤面积的滤液量，即

$$\frac{\mathrm{d}V}{A\mathrm{d}\theta}=\frac{\mathrm{d}q}{\mathrm{d}\theta}=u$$

式中　A——过滤面积（m^2）；

θ——过滤时间（s）；

V——透过过滤介质的滤液体积量（m^3）；

$\frac{\mathrm{d}q}{\mathrm{d}\theta}$——过滤速度（m/s）。

影响过滤速度的主要因素有压强差 ΔP、滤饼厚度 L、滤饼和悬浮液的性质、悬浮液温度等。

过滤基本方程式的一般形式为

$$\frac{\mathrm{d}V}{\mathrm{d}\theta}=\frac{A^2\Delta P^{1-S}}{\upsilon r'\mu(V+V_e)}$$

式中　ΔP——压强差（10^5 Pa）；

r'——单位压强差下滤饼的比阻（$1/m^2$）；

S——滤饼的压缩指数，无因次；

υ——滤饼体积与相应的滤液体积之比，无因次；

μ——液体的黏度（Pa•s）；

V——滤液量（m^2）；

V_e——虚拟滤液量（m^2）；

其他变量意义同前。

恒压过滤时，对上式积分可得

$$(q+q_e)^2=K(\theta+\theta_e)$$

其中　q——单位滤饼面积的滤液量，$q=V/A$（m^3/m^2）；

θ——过滤时间（s）；

q_e、θ_e——介质常数，反映过滤介质阻力大小；

K——滤饼常数，由物料特性及过滤压差所决定的常数。

$K = 2k \cdot \Delta P^{1-S}$，其中 $k = \dfrac{1}{\mu r' \upsilon}$。

将 $(q+q_e)^2 = K(\theta+\theta_e)$ 微分得 $\dfrac{d\theta}{dq} = \dfrac{2}{K}q + \dfrac{2}{K}q_e$，以 $\dfrac{\Delta\theta}{\Delta q}$ 代替 $\dfrac{d\theta}{dq}$，在过滤面积 A 上对待测的悬浮液进行恒压试验，测出一系列时刻的累计滤液量 V，并由此计算一系列 q，得到相应的 $\Delta\theta$ 与 Δq 之值，在直角坐标系中绘 $\dfrac{\Delta\theta}{\Delta q}$ 与 q 间的函数关系，可得一直线，由直线的斜率和截距可求得 K 和 q_e。

改变实验所用过滤压强差 ΔP，可测得不同的 K 值，由 K 值的定义式两边取对数得

$$\lg K = (1-S)\lg(\Delta P) + \lg(2k)$$

当 k 为常数时，在对数坐标上标绘的 K 与 ΔP 应是一条直线、斜率为（1−S），由此可得滤饼的压缩指数 S，然后可求得其他物料特性常数。

三、仪器与试剂

加压过膜装置如图 1-3-1 所示。

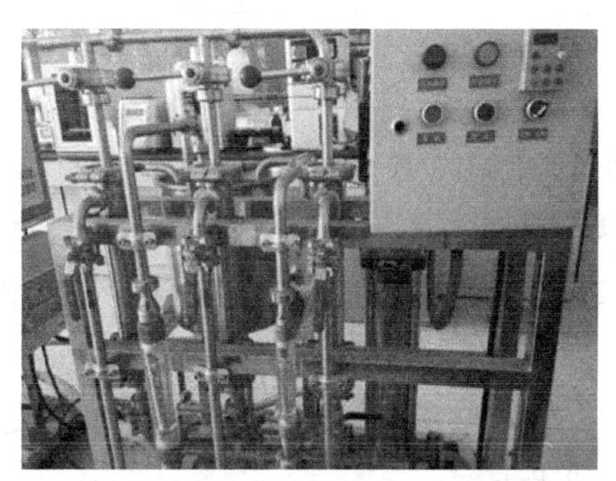

图 1-3-1　加压过膜装置

试剂：50%的石灰水。

实验装置：真空吸滤器、滤浆槽、搅拌桨、缓冲罐及真空泵。

测试装置：计量筒、秒表。

四、实验操作与步骤

（1）采用小的过滤压强差进行恒压过滤实验。

（2）以计量瓶中开始见到清液的时刻作为恒压过滤的零时刻。然后用秒表计时，定时读取计量瓶的液位值，并记录。

（3）改变压强差，重复第 2 步。

（4）数据记录，见表 1-3-1 和表 1-3-2。

表 1-3-1 数据记录表 1

口径 ______cm，过滤面积 A=________________m^2。

实验序号	一	二	三
过滤压强差 ΔP/（$\times 10^5$ Pa）	0.2	0.4	0.6
单位面积滤液量 q/（m^3/m^2）	过滤时间 $\Delta\theta$/s		

表 1-3-2 数据记录表 2

序号	q/（m^3/m^2）	Δq/（m^3/m^2）	q'/（m^3/m^2）	$\Delta\theta$/s	$\frac{\Delta\theta}{\Delta q}$ /（s/m）
实验一					
实验二					
实验三					

注：q'为 Δq 的中点。

（5）对三组实验结果$\frac{\Delta\theta}{\Delta q}=\frac{2}{K}q+\frac{2}{K}q_{e}$作图，计算$K$和$q_{e}$。

（6）对$\lg K=(1-S)\lg(\Delta P)+\lg(2k)$作图，计算压缩指数$S$。

五、实验说明

（1）压强差的变化在一定的范围内进行。
（2）计量桶的流液管口应贴桶壁，防止液面波动影响读数。
（3）注意公式换算中的单位一致。

六、思考题

1．为什么过滤开始时，滤液常常有点浑浊，而过一段时间后才变清？
2．当操作压强增加一倍，K值是否也增加一倍？要得到同样的过滤液，过滤时间是否缩短一半？
3．滤浆浓度和过滤压强对K值有何影响？

实验四　酵母细胞的破碎及破碎率的测定

一、目的要求

1. 掌握超声波破碎细胞的原理和操作。
2. 学习细胞破碎率的评价方法。

二、实验原理

频率超过15～20 kHz的超声波，在较高输入功率下（100～250 W）可破碎细胞。本实验采用JY95-2D超声波细胞破碎机，超声波细胞破碎机由超声波发生器和换能器两部分组成。其工作原理：超声波发生器将220 W、50 Hz的单相电通过变频器件变为20～25 Hz的交变电能，并用适当的阻抗与功率匹配来推动换能器工作，做纵向机械运动，振动波通过浸入在样品中的钛合金变速杆对破碎的各类细胞产生空化效应，从而达到破碎细胞的目的。

三、仪器与试剂

1. 仪器

超声波细胞破碎机（图1-4-1）、电子显微镜、紫外—可见分光光度计、酒精灯、载玻片、血细胞计数板、接种针等。

2. 试剂

马铃薯培养基（pH6.5）。

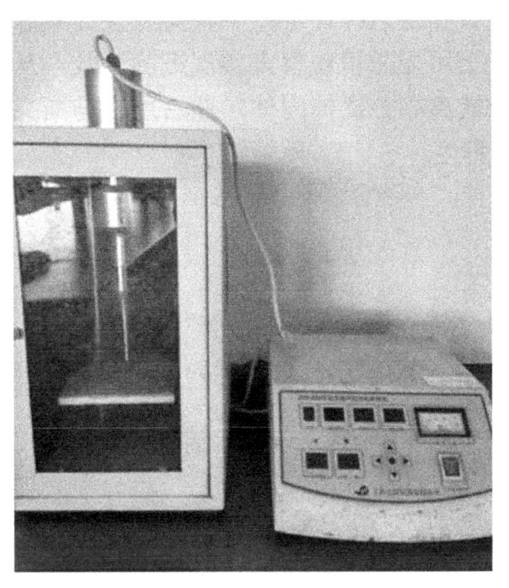

图 1-4-1　超声波细胞破碎机

四、实验操作与步骤

1．培养基的配制和灭菌

选取优质马铃薯去皮切块 200 g，加水 1 000 mL 煮沸 30 min，然后用纱布过滤，再加蔗糖 20 g 及琼脂 20 g，融化后补充加水至 1 000 mL（pH6.5），分装，120℃灭菌 20 min。

2．啤酒酵母的培养

（1）菌种纯化。将酵母菌种转接至斜面培养基上，28℃～30℃，培养 3～4 d，培养成熟后，用接种环取一环酵母菌至 50 mL 液体培养基中，28℃～30℃培养 24 h。

（2）扩大培养。将培养成熟的 5 mL 液体培养基中的酵母菌全部转接至 50 mL 液体培养基的锥形瓶中，28℃～30℃培养 15～20 h。

3．细胞破碎操作

（1）破碎前计数。取 1 mL 酵母细胞悬液适当稀释后，用血细胞计数板在显微镜下计数。

（2）超声波细胞破碎。

① 将 50 mL 酵母细胞悬液放入 100 mL 容器中，液体浸没超声发射器 2 cm。

② 打开开关，将频率设置中挡，超声破碎 1 min，间歇 1 min 破碎 20 次。

③ 取1 mL破碎后的细胞悬液经适当稀释后，滴一滴在血细胞计数板上，盖上盖玻片，用电子显微镜进行观察，计数。计算细胞破碎率。

④ 破碎后的细胞悬液，于 12 000 r/min、4℃下离心 30 min，去除细胞碎片。用考马斯亮蓝法检测上清液中蛋白质的含量。

五、实验说明

（1）用显微镜观察细胞破碎前后的形态变化。

（2）用两种方法对细胞破碎率进行评价：一种是直接计数法，对破碎后的样品进行适当稀释后，通过在血球计数板上用显微镜观察来实现细胞计数，从而算出结果；另一种是间接测定法，将破碎后的细胞悬液离心分离掉固体，然后用考马斯亮蓝法检测上清液中蛋白质含量，也可以评估细胞的破碎程度。

六、思考题

1．细胞破碎的影响因素有哪些？

2．直接计数法与间接测定法的优缺点各有哪些？

实验五 PEG/（NH_4）$_2SO_4$双水相系统的相图制备

一、目的要求

1. 了解用浊点法制作双水相系统相图的方法，加深对相图的认识。
2. 掌握双水相成相的条件和原理。

二、实验原理

两种亲水性高聚物或者高聚物与无机盐在水中具有不相溶性，因而某些亲水性高分子聚合物的水溶液超过一定浓度后可形成两相，并且在两相中水分占很大比例，即形成双水相。常见的双水相系统可分为两类，即双聚合物体系和聚合物/盐体系。双水相形成的条件和定量关系可用相图来表示，它是研究双水相萃取的基础。相图是一根双节线，当成相组分的配比在曲线的下方时，系统为均匀的单相，混合后溶液澄清透明，称为均相区；当配比在曲线的上方时，能自动分成两相，称为两相区；若配比在曲线上，混合后，溶液恰好由澄清变为浑浊。

连接双节线上的两点的直线称为系线，它由三点确定，即M（初始混合物组成情况）、T（上相组成情况）、B（下相组成情况），其中T/B互为共轭相。系线越长，两相间的差别越大，当系线长度趋向零时，两相差别消失。

三、仪器与试剂

1. 试剂

聚乙二醇 400、硫酸铵等。

2. 仪器

电子天平、酸度计、温度计、酸式滴定管、试管量筒、烧杯、移液管等。

四、实验操作与步骤

1. 双水相系统的制作

精确配制 43%（g/ mL）的（NH_4）$_2SO_4$ 溶液，并测定其密度。另精确称取 PEG400 液体 0.7 g 于试管中，按表 1-5-1 中所列第一号数据，用吸管加入 0.5 mL 水，缓慢滴加已配制好的（NH_4）$_2SO_4$ 溶液，并在混合器上混合，观察溶液的澄清程度，直至试管内溶液开始出现浑浊为止，记录（NH_4）$_2SO_4$ 的加入量，根据密度求出重量。然后按表 1-5-1 列出的第 2 号数据加入水，使其澄清，继续向试管中滴加（NH_4）$_2SO_4$ 溶液，使其再次达到浑浊。如此反复操作，计算每次达到浑浊时 PEG400 和（NH_4）$_2SO_4$ 在系统总量中的百分含量。

2. 相图的绘制

以 PEG400 的质量分数为纵坐标、（NH_4）$_2SO_4$ 的质量分数为横坐标作图，即得到一条双节线的相图。

表 1-5-1　相图制作表

编号	加水量 /mL	$(NH_4)_2SO_4$溶液加量		纯 $(NH_4)_2SO_4$ 累计量/g	溶液累计总量/g	PEG400 质量分数/%	$(NH_4)_2SO_4$质量分数/%
		mL	g				
1	0.5						
2	0.3						
3	0.3						
4	0.3						
5	0.5						
6	0.5						
7	0.5						
8	0.7						
9	0.7						

五、实验说明

（1）微量滴定管在使用前必须先洗涤干净，否则容易产生气泡或发生堵塞现象。洗涤时，不用去污粉，可用铬酸洗液或洗涤液先浸泡一段时间后，用一根细长的刻度移液管刷洗刻度处，最后用蒸馏水反复冲洗数次。

（2）清洗干净的微量滴定管必须先用蒸馏水试漏，如有漏液，可涂少量凡士林（过量的凡士林会堵塞滴定管）。试漏成功的滴定管要润洗两次，即注液杯、支管、刻度管和出液尖嘴用滴定液洗涤两遍。

（3）由于支管拐弯处易藏气泡，一般待滴定液放满刻度管后打开支管旋塞用洗耳球将溶液中气泡刚好吹入储液杯中即可，也可缓慢倾斜滴定管使气泡从口部溢出。

（4）滴定过程要注意爱护仪器，轻拿轻放。用 $(NH_4)_2SO_4$ 滴定时，在接近滴定终点左右时一定要每滴一滴，便彻底混匀后方可滴定下一滴。

六、思考题

1．思考双水相萃取的成相条件与原理。

2．双水相体系相图对萃取有何指导意义？

3．双水相萃取有何优缺点？在蛋白质萃取时会受哪些因素影响？

第二部分

常见生物物质的检测方法

实验一　苯酚—硫酸法测定多糖的含量

一、目的要求

1．掌握苯酚—硫酸法测定多糖含量的原理。

2．学习苯酚—硫酸法测定多糖浓度的方法。

二、实验原理

多糖在强酸（浓硫酸）的作用下，水解生成不同的单糖组分并迅速被强氧化剂浓硫酸脱水生成糖醛衍生物，该衍生物可以和苯酚缩合成橙黄色的化合物，并在波长490 nm和一定的浓度范围内，其颜色深浅与糖醛衍生物浓度正相关，从而可以利用分光度计测定其吸光度，并利用标准曲线定量测定样品的多糖含量。

三、仪器与试剂

万能粉碎机如图 2-1-1 所示。

蛹虫草子实体粉末：蛹虫草子实体经 75℃烘干后粉碎，再过 100 目筛，干燥保存备用。

葡萄糖标准溶液：精密称取干燥的葡萄糖 0.50 g，稀释定容后置于 100 mL 容量瓶中，充分摇匀，取出 1 mL 溶液于 50 mL 容量瓶中定容，制得 100 μg/mL 葡萄糖标准溶液，备用。

5%苯酚溶液：在 60℃水浴中溶解苯酚晶体 5 g，加入 100 g 蒸馏水，混合均匀，放置在棕色瓶中于 4℃冰箱中保存备用。

仪器：高速万能粉碎机、电子天平、电热恒温水浴锅、紫外—可见分光光度计。

图 2-1-1　万能粉碎机

四、实验操作与步骤

1．葡萄糖标准曲线的绘制

分别取备用的 100 μg/mL 葡萄糖标准溶液 0、0.2、0.4、0.6、0.8、1.0、1.2、1.4 mL 至试管中，各加蒸馏水至 2 mL，使每支试管中的葡萄糖浓度为 0、10、20、30、40、50、60、70 μg/mL。再分别加入 5%的苯酚溶液 1 mL、浓硫酸 5 mL，充分震荡摇匀，静置 5 min 后，放入沸水浴中加热 15 min，取出后在流动的自来水中迅速冷却。以 2 mL 蒸馏水代替葡萄糖溶液按同样的显色操作得到的空白试剂为参比，在 490 nm 波长下测量各组的吸光值。每样需平行 3 次，取平均值。以吸光度值对应浓度做标准曲线。

2．未知样品的多糖含量测定

精确称取干燥的 10.0 g 蛹虫草子实体粉末至烧杯中，按 1∶30 的料液比，加入 300 mL 蒸馏水，搅拌均匀之后在 80℃的恒温水浴中热回流提取 1 h，提取两次，将每一次的提取液过滤后混合，减压浓缩至原体积的 1/3，加入 3 倍量的无水乙醇沉淀，静置 6 h，抽滤，对沉淀分别用无水乙醇、丙酮、乙醚洗涤 3 次，干燥称重，命名为虫草粗多糖 I。

准确称取 50.0 mg 虫草粗多糖 I 使用蒸馏水定容到 50 mL 容量瓶中，按照葡萄糖标准曲线绘制的方法进行样品的测定，平行测定 3 次，取平均值，根据换算系数为 0.9，代入葡萄糖标准曲线，计算出样品相应的多糖含量。

五、实验说明

（1）苯酚使用前需要新鲜配制。

（2）测定多糖含量要注意换算系数。

（3）控制好显色反应的温度和时间。

六、思考题

1．测定多糖的含量方法有哪些？

2．分析苯酚—硫酸法测定多糖的主要影响因素。

实验二　考马斯亮蓝法测定蛋白质的含量

一、目的要求

1．掌握考马斯亮蓝法测定蛋白质浓度的原理。

2．学习考马斯亮蓝法测定蛋白质浓度的方法。

二、实验原理

考马斯亮蓝法测定蛋白质浓度，是利用蛋白质中的碱性氨基酸（特别是精氨酸）和芳香族氨基酸残基与考马斯亮蓝 G-250 染料在酸性条件下可以结合的原理，使染料的最大吸收峰位置由 465 nm 变为 595 nm，溶液颜色也由棕黑色变为蓝色，这样通过分光光度法可以定量测定微量蛋白的浓度。这种蛋白质测定法快速、灵敏，是目前灵敏度最高的蛋白质测定方法。

三、仪器与试剂

1．仪器

10 mL 试管 6 个；试管架 1 个；0.5 mL、1 mL、5 mL 移液管分别 2 个；恒温水浴箱、分光光度计（图 2-2-1）。

2．材料与试剂

（1）待测蛋白质溶液：白菜匀浆液。

（2）考马斯亮蓝试剂：考马斯亮蓝 G-250 100 mg 溶于 50 mL 95%乙醇中，加入 100 mL 85%磷酸，用蒸馏水稀释至 1 000 mL。

（3）标准蛋白质溶液：结晶牛血清蛋白，预先经微量凯氏定氮法测定蛋白质含量，根据其纯度用 0.15 mol/L NaCl 配制成 1 mg/mL 蛋白溶液。

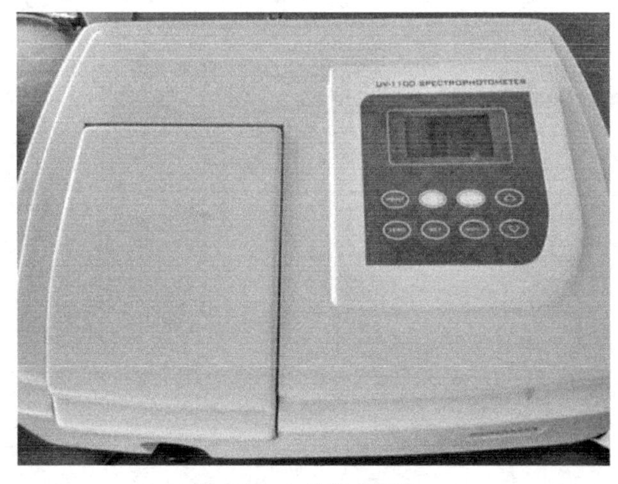

图 2-2-1　分光光度计

四、实验操作与步骤

（1）白菜匀浆液的制备：称取 5 g 白菜叶用水洗净，吸干表面水分，剪碎，加入 25 mL 0.15 mol/L NaCl 置于研钵中，0℃～4℃下冰浴研磨 15～20 min，8 000 r/min 冷冻离心 10 min，上清即为白菜叶的可溶性蛋白溶液。

（2）制备标准曲线：按照表 2-2-1 的条件进行混合摇匀后，在 25℃下保温 10 min，静置 5 min，以第一管为空白，在波长 595 nm 下测定其吸光度值，以标准蛋白的浓度对应吸光度值做线性回归方程。

表 2-2-1　考马斯亮蓝法测定蛋白质浓度——标准曲线的绘制

编　号	0	1	2	3	4	5
标准蛋白液/mL	—	0.2	0.4	0.6	0.8	1.0
水/mL	1.0	0.8	0.6	0.4	0.2	0.0
考马斯亮蓝试剂/mL	5	5	5	5	5	5
蛋白含量/μg						
	保温 10 min 后，静置 5 min					
1　$A_{595\ nm}$						
2　$A_{595\ nm}$						
$A_{595\ nm}$平均值						

（3）样品中蛋白质的测定：样品适当稀释后，另取一干净试管，加入稀释样品 1.0 mL 及考马斯亮蓝试剂 5.0 mL，混匀，在 25℃下保温 10 min 后，静置 5 min，于波长 595 nm 下测定其吸光度值，代入标准曲线中，计算出蛋白质的含量。

五、实验说明

（1）合理稀释待测蛋白溶液，使测定值在标准曲线的线性范围内。
（2）控制好平行之间的标准误差。
（3）正确使用分光光度计。

六、思考题

1．考马斯亮蓝法测定蛋白质的优缺点有哪些？
2．哪些因素会影响测定的结果？

实验三　索氏抽提法测定粗脂肪的含量

一、目的要求

1．学习索氏抽提法测定脂肪的原理与方法。

2．掌握索氏抽提法基本操作要点及影响因素。

二、实验原理

利用脂肪能溶于有机溶剂的性质，在索氏提取器中将样品用无水乙醚或石油醚等溶剂反复萃取，提取样品中的脂肪后，蒸去溶剂，所得的物质即为脂肪或称粗脂肪。

三、仪器与试剂

1．仪器

索氏提取器、电热恒温鼓风干燥箱、干燥器、恒温水浴箱。

2．材料与试剂

花生粉、石油醚、滤纸筒。

四、实验操作与步骤

（1）样品预处理：准确称取花生粉样品 2～5 g（精确至 0.01 mg），装入滤纸筒内。

（2）索氏提取器的清洗　将索氏提取器各部位充分洗涤并用蒸馏水清洗后烘干。脂肪烧瓶在 103℃±2℃的烘箱内干燥至恒重（前后两次称量差不超过 2 mg）。

（3）样品测定：将滤纸筒放入索氏提取器的抽提筒内，连接已干燥至恒重的脂肪烧瓶，由抽提器冷凝管上端加入石油醚至瓶内容积的2/3处，通入冷凝水，将底瓶浸没在水浴中加热，用一小团脱脂棉轻轻塞入冷凝管上口，70℃～80℃下提取16 h。提取完毕，取下脂肪烧瓶，回收乙醚或石油醚。待烧瓶内乙醚仅剩下1～2 mL时，在水浴上赶尽残留的溶剂，于95℃～105℃下干燥2 h后，置于干燥器中冷却至室温，称量。继续干燥30 min后冷却称量，反复干燥至恒重（前后两次称量差不超过2 mg）。

（4）按表 2-3-1 记录实验数据。

表 2-3-1　实验数据

样品的质量 m/g	脂肪烧瓶的质量 m_0/g	脂肪和脂肪烧瓶的质量 m_1/g			
		第一次	第二次	第三次	恒重值

（5）按照下述公式计算：

$$X=\frac{m_1-m_0}{m}\times 100$$

式中 X——样品中粗脂肪的质量分数（%）；

m——样品的质量（g）；

m_0——脂肪烧瓶的质量（g）；

m_1——脂肪和脂肪烧瓶的质量（g）。

五、实验说明

（1）抽提温度的控制：水浴温度应控制在使提取液在每 6～8 min 回流一次为宜。

（2）抽提时间的控制：抽提时间视试样中粗脂肪含量而定，一般样品提取 6～12 h，坚果样品提取约 16 h。提取结束时，用毛玻璃板接取一滴提取液，如无油斑则表明提取完毕。

（3）抽提剂石油醚是易燃、易爆物质，应注意通风并且不能有火源。

（4）样品滤纸色的高度不能超过虹吸管，否则上部脂肪不能提尽而造成误差。

（5）样品和醚浸出物在烘箱中干燥时，时间不能过长，以防止极不饱和的脂肪酸受热氧化而增加质量。

六、思考题

1. 简述索氏抽提器的提取原理及应用范围。
2. 潮湿的样品可否采用石油醚直接提取？为什么？
3. 使用石油醚作脂肪提取溶剂时，应注意的事项有哪些？为什么？

实验四　茚三酮法测定氨基酸的含量

一、目的要求

1．了解茚三酮与氨基酸反应的原理。
2．掌握茚三酮显色法测定氨基酸含量的原理。

二、实验原理

含有自由氨基的化合物如蛋白质、多肽、氨基酸的溶液与水合茚三酮共热时生成氨，氨与茚三酮和还原性茚三酮反应，生成紫色化合物，该化合物颜色的深浅与氨基的含量成正比，可通过测定570 nm处的吸光度，因而可用比色法测定氨基酸、多肽或者蛋白质的含量。其中氨基酸与茚三酮的反应包含两个重要步骤：第一步，氨基酸被氧化形成CO_2、NH_3和醛，茚三酮则被还原成还原型茚三酮；第二步，形成的还原型茚三酮与另一个茚三酮分子和NH_3缩合生成有色物质。

三、仪器与试剂

1．仪器

721 型分光光度计、水浴锅、电子天平、pH 计、真空泵、试管、滴管、量筒、烧杯、漏斗、铁架台。

2．试剂

（1）标准氨基酸溶液：称取适量赖氨酸，配制成 0.3 mmol/L 标准氨基酸溶液，并密封保存，以避免被空气中 NH_3 所污染。

（2）pH5.4、2 mol/L 醋酸缓冲液：量取 86 mL 2 mol/L 醋酸钠溶液，加入 14 mL 2 mol/L 冰醋酸，调 pH 值至 5.4。

（3）茚三酮显色液：称取85 mg茚三酮和15 mg还原茚三酮，用10 mL乙二醇甲醚溶解。茚三酮若变为微红色，则需按下法重结晶：称取5 g茚三酮溶于15～25 mL热蒸馏水中，加入0.25 g活性炭，轻轻搅拌。加热30 min后趁热过滤，滤液放入冰箱过夜。次日析出黄白色结晶，抽滤，用1 mL冷水洗涤结晶，置干燥器干燥后，装入棕色玻璃瓶保存。

（4）60%乙醇。

（5）样品液：每毫升水中含有 0.5～50 μg 氨基酸。

四、实验操作与步骤

1．标准曲线的制作

分别取 0.3 mmol/L 的标准氨基酸溶液 0、0.2、0.4、0.6、0.8、1.0 mL 于试管中，用蒸馏水补足至 1 mL。各加入 1 mL pH5.4、2 mol/L 醋酸缓冲液；再加入 1 mL 茚三酮显色液，充分混匀后，盖住试管口，100℃水浴中加热 15 min，用自来水冷却。放置 5 min 后，加入 3 mL 60%乙醇稀释，充分摇匀，用分光光度计测定 $OD_{570\ nm}$ 吸光度值（脯氨酸和羟脯氨酸与茚三酮反应呈黄色，应测定 $OD_{440\ nm}$）。以 $OD_{570\ nm}$ 吸光度值为纵坐标，氨基酸含量为横坐标，绘制标准曲线。

2．氨基酸样品的测定

取样品液 1 mL，加入 pH5.4、2 mol/L 醋酸缓冲液 1 mL 和茚三酮显色液 1 mL，混匀后于 100℃沸水浴中加热 15 min，自来水冷却。放置 5 min 后，加 3 mL 60%乙醇稀释，摇匀后测定 $OD_{570\ nm}$（生成的颜色在 60 min 内稳定，要求在 60 min 内完成测定）。根据样品的 $OD_{570\ nm}$ 吸光度值，以标准曲线函数计算样品中氨基酸含量。

五、实验说明

（1）实验操作时，避免茚三酮与皮肤接触。

（2）茚三酮与样品加热后必须用水冷却，之后再进行后续的操作与测定。

（3）样品与茚三酮混合后需要充分震荡混匀。

（4）标准曲线需要计算回归方程，在使用回归方程时候一定注意其适用范围。

六、思考题

1．为何测定氨基酸含量时，茚三酮与氨基酸反应需要在弱酸性环境下进行？

2．如果待测样品中含有蛋白质，是否需要除去蛋白质才能测定样品中的游离氨基酸？

3．思考茚三酮与氨基酸反应可以应用到哪些领域？

实验五　活性炭对亚甲基蓝吸附等温线的测定

一、目的要求

1．加深理解吸附的基本原理。

2．掌握活性炭吸附公式中常数的确定方法。

3．掌握用间歇式静态吸附法确定活性炭等温吸附式的方法。

二、实验原理

活性炭是由含碳物质（木炭、木屑、果核等）作为原料，经高温脱水碳化和活化而制成的多孔性疏水性吸附剂。活性炭具有比表面积大、高度发达的孔隙结构、优良的机械物理性能和吸附能力，因此被应用于多种行业。活性炭吸附通常作为饮用水深度净化和废水的三级处理，以除去水中的有机物。除此之外，活性炭还被用于制造活性炭口罩、家用除味活性炭包、净化汽车或者室内空气等，以上都是基于活性炭优良的吸附性能。在吸附过程中，活性炭比表面积起着主要作用。同时，被吸附物质在溶剂中的溶解度也直接影响吸附的速度。此外，pH 值的高低、温度的变化和被吸附物质的分散程度也对吸附速度有一定影响。

三、试剂与仪器

1．仪器

恒温振荡器1台、分析天平1台、分光光度计1台、三角瓶5个、1 000 mL容量瓶1个、100 mL容量瓶5个、移液管。

2．试剂

活性炭、亚甲基蓝等。

四、实验步骤

1．标准曲线的绘制

（1）配制 100 mg/L 的亚甲基蓝溶液：称取 0.1 g 亚甲基蓝，用蒸馏水溶解后移入 1 000 mL 容量瓶中，并稀释至标线。

（2）用移液管分别移取亚甲基蓝标准溶液5、10、20、30、40 mL于100 mL容量瓶中，用蒸馏水稀释至100 mL刻度线处，摇匀，以水为参比，在波长470 nm处，用1 cm比色皿测定吸光度，绘出标准曲线。

2．吸附等温线间歇式吸附实验步骤

（1）用分光光度法测定原水中亚甲基蓝含量，同时测定水温和 pH 值。

（2）将活性炭粉末，用蒸馏水洗去细粉，并在 105℃下烘至恒重。

（3）在五个三角瓶中分别放入 100、200、300、400、500 mg 粉状活性炭，加入 200 mL

水样。

（4）将三角瓶放入恒温振荡器上振动 1 h，静置 10 min。

（5）吸取上清液，在分光光度计上测定吸光度，并在标准曲线上查得相应的浓度，计算亚甲基蓝的去除率吸附量。

3．吸附等温线绘制

（1）根据测定数据绘制吸附等温线。

（2）根据等温线，确定方程中常数。

（3）计算实验数据与吸附等温线的相关系数。

五、实验说明

（1）实验所得的 q_e 若为负值，则说明活性炭明显地吸附了溶剂，此时应调换活性炭或调换水样。

（2）在测水样的吸光度之前，应该取水样的上清液，然后在分光光度计上测相应的吸光度。

（3）连续流吸附实验时，如果第一个活性炭柱出水中溶质浓度值很小，则可增大进水流量或停止第二、三个活性炭柱进水，只用一个炭柱。反之，如果第一个炭柱进出水溶质浓度相差无几，则可减少进水量。

（4）进入活性炭柱的水中浑浊度较高时，应进行过滤去除杂质。

六、思考题

1．吸附等温线有什么现实意义？

2．作吸附等温线时为什么要用粉状活性炭？

3．哪些因素对实验结果影响较大？该如何操作？

实验六　3，5–二硝基水杨酸法测定酵母蔗糖酶活力

一、目的要求

1．掌握酶活力测定的基本原理和方法。

2．学习酶的比活力的计算。

二、实验原理

蔗糖酶（β–D–呋喃型果糖苷–果糖水解酶 EC3.2.1.26），是一种水解酶。它能催化非还原性双糖（蔗糖）的 1，2–糖苷键裂解，将蔗糖水解为等量的葡萄糖和果糖（还原糖）。3，5–二硝基水杨酸与还原糖共热可被还原成棕红色的氨基化合物，在一定的浓度范围内还原糖的含量和反应液的颜色深度成正比。因此可利用分光光度计在 520 nm 进行比色测定，求得样品中的含糖量。

蔗糖酶活力单位（U）表示蔗糖酶在室温（25℃）、pH4.5 的条件下，每分钟水解产生 1 μmol 葡萄糖所需的酶量。蔗糖酶比活力为每毫克蛋白质所具有的酶活力单位数，一般用酶活力单位 U/mg 表示。酶的比活力在酶学研究中用来衡量酶的纯度，对于同一种酶来说，比活力越大，酶的纯度越高。利用比活力的大小可以用来比较酶制剂中单位质量蛋白质的催化能力，是表示酶的纯度高低的一个重要指标。

三、仪器与试剂

1．材料

蔗糖酶样品Ⅰ、Ⅱ、Ⅲ（来源于第三部分实验二）。

2．试剂

（1）1 g/L 葡萄糖标准溶液（葡萄糖相对分子量 198.17）。

（2）0.2 mol/L 乙酸缓冲液，pH4.5。

（3）5%蔗糖溶液。

（4）3，5–二硝基水杨酸试剂。

甲液：溶解 6.9 g 结晶酚于 15.2 mL 10%NaOH 溶液中，并用水稀释至 69 mL，在此溶液中加 6.9 g 亚硫酸氢钠。

乙液：称取 255 g 酒石酸钾钠加到 300 mL　10%NaOH 溶液中，再加入 800 mL 1%3，5–二硝基水杨酸溶液。

甲乙二溶液相混合即得黄色试剂，储于棕色瓶中备用，在室温放置 7～10 d 以后使用。

3．仪器

恒温水浴箱、可见光分光光度计、1 cm 玻璃比色皿；试管、试管架；移液管；微量移液枪（200 μL，1 000 μL）。

四、实验操作与步骤

1．蔗糖酶活力的测定

（1）标准曲线的制作。以还原糖质量浓度（mg）为横坐标，$A_{520\ nm}$值为纵坐标，制作标准曲线。

（2）蔗糖酶的酶活力测定。

2．实验结果

（1）实验数据记录和处理，见表2-6-1、表2-6-2与表2-6-3。

表2-6-1　标准曲线的制备

	1	2	3	4	5	6	7
葡萄糖/（μmol·L^{-1}）	0	1.0	1.5	2.0	2.5	3.0	3.5
1 g/L 葡萄糖标准溶液/mL	0.00	0.20	0.30	0.40	0.50	0.60	0.70
H_2O/mL	2.0	1.80	1.70	1.60	1.50	1.40	1.30
3，5-二硝基水杨酸/mL	1.0	1.0	1.0	1.0	1.0	1.0	1.0
将各管溶液混匀后，在100℃恒温水浴加热5 min，取出立即用冷水冷却至室温							
H_2O/mL	7	7	7	7	7	7	7
将各管溶液混匀							
$A_{520\ nm}$							

表2-6-2　数据记录表1

样品	空白	样品Ⅰ（1：200）			样品Ⅱ（1：200）			样品Ⅲ（1：200）		
编号	1	2	3	4	5	6	7	8	9	10
0.2 mol/L 乙酸缓冲液/mL	0.5	0.5	0.5	0.5	0.5	0.5	0.5	0.5	0.5	0.5
蒸馏水/mL	1.0	0.95	0.8	0.5	0.95	0.8	0.5	0.95	0.8	0.5
蔗糖酶液/mL	0.0	0.05	0.2	0.5	0.05	0.2	0.5	0.05	0.2	0.5
5%蔗糖溶液/mL	0.5	0.5	0.5	0.5	0.5	0.5	0.5	0.5	0.5	0.5
保温时间	立即混匀后，室温（25℃）保温10 min									
3，5-二硝基水杨酸/mL	1	1	1	1	1	1	1	1	1	1
保温时间	在100℃恒温水浴中加热5 min									
蒸馏水/mL	7	7	7	7	7	7	7	7	7	7
	混匀									
$A_{520\ nm}$										
还原糖/mg										

（2）根据酶活力计算公式计算蔗糖酶活力和比活力，并比较各步纯化样品的纯度。

表 2-6-3 数据记录表 2

	体积/mL	蛋白浓度/（$mg\cdot mL^{-1}$）	总蛋白/mg	活力/（$U\cdot mL^{-1}$）	总活力/U	比活力/（$U\cdot mg^{-1}$）
样品Ⅰ						
样品Ⅱ						
样品Ⅲ						

五、实验说明

（1）酶促反应最适合的 pH 值为 4.5，通常使用 pH 计进行调节。
（2）将配制好的 3，5-二硝基水杨酸溶液储存于棕色瓶中。
（3）葡萄糖标样要烘干。

六、思考题

1．酶的活力与哪些因素有关?
2．描述总蛋白、总活力、比活力、蛋白浓度之间的相互关系。
3．一般酶制剂中酶活力的测定常常采用哪些方法?

实验七　双水相系统中蛋白质分配系数的测定

一、目的要求

了解蛋白质在双水相系统中分配系数的测定方法。

二、实验原理

在双水相系统中，生物大分子物质与成相组分之间通过疏水键、氢键和离子键等相互作用而不同程度地分配在两相中，当萃取达到平衡时，蛋白质在上、下两相中的浓度比，称为分配系数 K，可用下式表示：

$$K=C_1/C_2$$

本实验以糖化酶为实验对象，在 PEG/硫酸铵双水相系统中进行分配，用考马斯亮蓝比色法测定两相中总蛋白含量，求分配系数。

三、仪器与试剂

电子天平、10 mL离心管、台式离心机、移液管、小滴管、50 mL容量瓶和试管及试管架、722分光光度计、记号笔等。

糖化酶、PEG400、硫酸铵、结晶牛血清白蛋白、考马斯亮蓝 G-250、85%磷酸、95%乙醇等。

四、实验操作与步骤

1．实验操作

在 10 mL 离心管中，用电子天平称取硫酸铵固体 1.30 g，PEG400 液体 2.00 g，用吸管加入已稀释的糖化酶液 2.00 mL，然后加水，直到总量为 8.00 g，用橡胶塞塞紧，用力振荡数分钟，使硫酸铵完全溶解，并使两相充分混合，以便酶在两相中分配达到平衡，然后，在台式离心机离心 3 min，转速 3 000 r/min，分别读出上下两相的体积，求相比，并用考马斯亮蓝比色法测定两相中蛋白浓度，求分配系数。

2．考马斯亮蓝测定蛋白质含量

（1）考马斯亮蓝 G-250 染色液：取考马斯亮蓝 G-250 100 mg 溶于 50 mL95%乙醇中，加 100 mL 85%磷酸，加水稀释至 1 L。

（2）标准蛋白溶液：用牛血清白蛋白，预先经微量凯氏定氮法测定蛋白质含量，根据其纯度，配制成 120 μg/mL 的蛋白质标准溶液。

标准原液的配制：在分析天平上精确称取 0.060 g 结晶牛血清白蛋白，于小烧杯内，加入 0.526 g NaCl，溶于少量蒸馏水中，后转入 500 mL 容量瓶中，烧杯内的残液用少量蒸馏水冲洗数次，冲洗液一并倒入容量瓶中，最后用蒸馏水定容至刻度。配制成标准原液，其中牛血清白蛋白浓度为 120 μg/mL。

（3）标准曲线的绘制：分别取 8 支试管，编号，按表 2-7-1 加入试剂，混匀，室温放置 5～30 min。用 722 分光光度计在 595 nm 处比色。记录 1～6 管所读吸光值，以蛋白质含量（μg）为横坐标，以吸光度为纵坐标，绘出标准曲线。

表 2-7-1　数据记录表

	标准蛋白溶液（120 μg/mL）						未知样品 1	未知样品 2
管号	1	2	3	4	5	6	7	8
样品/mL	0	0.2	0.4	0.6	0.8	1.0	1.0	1.0
水/mL	1.0	0.8	0.6	0.4	0.2	0	0	0
蛋白质含量/μg	0	24	48	72	96	120	待测	待测
染色液/mL	5.0	5.0	5.0	5.0	5.0	5.0	5.0	5.0

（4）样品液的蛋白含量测定。

上相液：吸取上相溶液 0.5 mL，用水稀释定容到 50 mL，吸取 1 mL 定容液于试管中，按照上表加入试剂，混匀，室温放置 5～30 min，测定吸光度。

下相液：吸取下相溶液 0.1 mL，加蒸馏水 0.9 mL 于试管中，按照上表加入试剂，混匀，室温放置 5～30 min，测定吸光度。

根据样品吸光值在标准曲线上查出对应蛋白质含量，再由不同的稀释倍数，计算出上下两相中蛋白质的质量浓度（mg/mL），然后根据 $K=C_1/C_2$，计算出分配系数。

五、实验说明

（1）测定蛋白含量所用参比溶液分别为上下相未加蛋白样品的溶液。

（2）由于考马斯亮蓝染色能力强，比色杯一定要洗干净。

（3）比色皿可以选用玻璃比色皿。

六、思考题

1. 双水相萃取分配系数的大小与哪些因素有关？
2. 哪些因素影响吸光度的测定？

实验八　胰蛋白酶酶活与比活的测定方法

一、目的要求

了解胰蛋白酶酶活的测定方法和原理。

二、实验原理

胰蛋白酶能催化蛋白质的水解，对于由碱性氨基酸（如精氨酸、赖氨酸）的羧基与其他氨基酸的氨基所组成的肽键具有专一性。特别表现在对碱性氨基酸羧基一侧的选择。通常利用这样一类人工合成的物质为底物，研究其专一催化活性。因此，本实验采用人工合成的BAEE（N-苯甲酰-L-精氨酸乙酯）为底物，进行酶反应来测定胰蛋白酶的活性。水解反应式如下：

$$HN{=}C(NH_2){-}NH{-}(CH_2)_3{-}CH(C{=}O{-}O{-}C_2H_5){-}NH{-}C(=O){-}C_6H_5 \xrightarrow[\text{pH7.6}]{\text{胰蛋白酶}} HN{=}C(NH_2){-}NH{-}(CH_2)_3{-}CH(C{=}O{-}OH){-}NH{-}C(=O){-}C_6H_5$$

在 253 nm 下，BAEE 的紫外吸收值远远小于 BA（N-苯甲酰-L-精氨酸）的紫外吸收值。BAEE 在酶的催化下，随着酯键的水解，BA 逐渐增多，于是反应体系的紫外吸收值也随之相应增加。胰蛋白酶的 BAEE 单位定义为：引起每分钟光吸收值增加 0.003 的酶量，规定为一个 BAEE 单位。

三、仪器与试剂

1．仪器

精密天平、电子台秤、紫外—可见分光光度计、恒温水浴锅、pH 酸度计、秒表、移液吸管（或可调式移液管）、烧杯、容量瓶和量筒等。

2．试剂

N-苯甲酰-L-精氨酸乙酯盐酸盐、Na_2HPO_4、KH_2PO_4 等。

四、实验操作与步骤

1．胰蛋白酶酶活的测定

（1）pH7.6 的 0.067 mol/L 磷酸盐缓冲液配制。取 0.067 mol/L 磷酸二氢钾溶液 13 mL 与

0.067 mol/L 磷酸氢二钠溶液 87 mL 混合，测 pH 值为 7.6。

（2）底物溶液配制。在精密电子天平上称取 N-苯甲酰-L-精氨酸乙酯盐酸盐 12 mg，加水 10 mL 溶解，用pH7.6 的 0.067 mol/L 磷酸盐缓冲液稀释成 100 mL。制成后应在 2 h 之内使用。

（3）酶活测定方法。将被测酶液用 pH7.6 的 0.067 mol/L 磷酸盐缓冲液适当稀释，精确吸取 0.2 mL 于比色皿（1 mL）中，再加入 3.0 mL 底物溶液（底物溶液恒温于 25℃±0.5℃），使比色池内的温度保持在 25℃±0.5℃，立即摇匀，同时用秒表计时，并立即放入比色计的槽中，在 253 nm 波长处，30 s 时第一次读取光吸收数值，以后每隔 30 s 读一次，至 3 min。空白对照为底物溶液（BAEE）。

以吸光度值（A）为纵坐标，时间为横坐标作图，每 30 s 吸光度值的改变应呈线性关系（恒定在 0.015～0.018 之间），若不符合上述要求，应调整被测酶液的浓度，再作测定。在上述吸光度值对时间的关系图中，取呈线性的吸光度值，酶活按下式计算：

$$C = \frac{A_1 - A_2}{0.003\,tV} \times N$$

式中 C——每 1 mL 供试品中含胰蛋白酶的单位数（U/mL）；

A_1——直线上终止的吸光度值；

A_2——直线上开始的吸光度值；

t——A_1 至 A_2 读数的时间（min）；

0.003——吸光度值每分钟改变 0.003，即相当于 1 个胰蛋白酶单位；

V——比色皿中酶液加入的体积；

N——酶液稀释倍数。

2．胰蛋白酶比活的测定

（1）用考马斯亮蓝比色法测定原酶液和反萃液中总蛋白的含量（mg/mL）。

（2）根据原酶液和反萃液的酶活按公式计算比活。

五、实验说明

（1）将酶活比色测定时每隔 30 s 读取的各原始数据列成表格，并按公式计算酶活（U/mL），观察酶活的变化情况，分析实验误差。

（2）注意原酶液和反萃液中胰蛋白酶的比活的变化，要求迅速进行反萃取。

六、思考题

1．简述蛋白酶酶活的测定原理。

2．测定蛋白质含量的方法有哪些？并简要说明。

实验九　离子交换树脂的预处理及交换容量的测定

一、目的要求

1．加深对离子交换树脂总交换容量的认识。

2．掌握离子交换树脂的作用原理以及熟悉静态法、动态法测定离子交换树脂总交换容量的操作方法。

二、实验原理

交换容量是离子交换树脂质量的重要标志，本实验测定的是离子交换树脂的总交换量，也叫最大或极限交换量，它是指树脂经过105℃干燥至恒重后，每克或水中每mL树脂具有的可交换离子的总数，单位为毫克当量/克（干树脂）或mL（湿树脂）。离子交换树脂交换量最简单的测定方法是酸碱滴定法。氢型阳离子交换树脂与碱作用时生成水，为一不可逆反应，故可用于静态法测定交换容量。

$$R^{-}H^{+} \rightarrow R^{-}Na^{+} + H_2O$$

阴离子交换树脂不能采用类似的方法测定，应用氯型树脂，当它与 Na_2SO_4 作用时，生成 NaCl，这一反应为可逆反应，故宜采用动态法测定树脂交换容量，通过测定流出液中 Cl^- 含量来计算其总交换容量。

$$2R^{+}Cl^{-} + Na_2SO_4 = R^{+}{}_2SO_4{}^{-} + 2NaCl$$

三、仪器与试剂

1．试剂

5%NaOH、5%HCl、0.1 mol/L NaCl标准溶液、1 mol/L HCl标准溶液、1 mol/L Na_2SO_4溶液、甲基橙指示剂、K_2CrO_4指示剂、蒸馏水、717阴离子交换树脂、732阳离子交换树脂、0.1 mol/L $AgNO_3$标准溶液。

2．仪器

恒流泵、层析柱、滴定管、精密天平、烘箱、容量瓶、三角瓶等。

四、实验操作与步骤

1．离子交换树脂预处理

分别称取2 g 732、717树脂，加水倒入交换柱中，流加50 mL 5%NaOH溶液，流速1滴/s，结束后滴加100 mL去离子水，流速可大一些，结束后再流加50 mL 5%HCl溶液，流速1滴/s，最后流加100 mL去离子水，如此重复三次。

2．静态法测定 732 树脂交换量

（1）精确称取处理好并抽干的氢型阳离子 732 树脂 1 g，105℃下烘干至恒重，按下式计算含水量：

$$W = \frac{W_1 - W_2}{W_1} \times 100\%$$

式中　W_1——烘干前树脂量；

W_2——烘干后树脂量。

（2）另取处理好的树脂1 g放入三角瓶中，吸取50 mL 0.1 mol/L NaOH标准溶液加入树脂中，放置24 h，要求树脂全部浸入溶液中，然后用吸管分别取出10 mL放入三只三角瓶中，以甲基橙作指示剂，用0.1 mol/L HCl标准溶液滴定，溶液由无色变为红色为滴定终点，取三次滴定的平均值，按下式计算732树脂交换总量：

$$总交换容量（mmol/g\ 干树脂）= \frac{50N_1 - 5N_2V_2}{G(1-W)}$$

式中　G——湿树脂总量（g）；

W——树脂含水量；

N_1——0.1 mol/L NaOH 标准溶液的当量浓度；

N_2——0.1 mol/L HCl 标准溶液的当量浓度；

V_2——0.1 mol/L HCl 标准溶液的用量（mL）。

3．动态法测定 717 树脂交换量

（1）精确称取处理好并抽干的氯型阳离子 717 树脂 1 g，105℃下烘干至恒重，按公式计算含水量（W）。

（2）另取1 g树脂，加水装入柱中，装柱时应注意使树脂层中无气泡存在，然后通入1 mol/L Na_2SO_4溶液进行交换，用250 mL容量瓶收集流出液，流速约为250 mL/h，充满刻度为止，吸取流出液25 mL，用$AgNO_3$溶液滴定，以K_2CrO_4为指示剂，溶液由淡黄色变为红色为滴定终点，取三次滴定平均值。

$$总交换容量（mmol/g\ 干树脂）= \frac{10NV}{G(1-W)}$$

式中　V——$AgNO_3$ 用量（mL）；

N——$AgNO_3$ 当量浓度；

G——湿树脂重（g）；

W——树脂含水量（%）。

4．动态法测定 732 树脂工作交换量

（1）称取 2 g 732 树脂放于小烧杯中，加入少量去离子水。

（2）在层析柱中加入 1/4 柱体积的去离子水，再加入（1）烧杯中的树脂。

（3）加入 0.5 mol/L 硫酸钠进行交换，其流速约为 250 mL/h（自然流速）。

（4）收集约100 mL收集液时，测定pH值，直至pH值与硫酸钠溶液一致，停止交换，记录加入的硫酸钠体积。

（5）将收集的洗脱液定容至 250 mL，取 20 mL 于 250 mL 锥形瓶中，加入 2 滴酚酞，用 0.1 mol/L NaOH 滴定至微红，且 30 s 不褪色。

（6）重复 3 次，计算交换容量。

$$工作交换容量（mmol/g\ 干树脂）=（C_{NaOH} \times V_{NaOH}）/（m_{树脂} \times 20/250）$$

五、实验说明

（1）交换容量包括理论交换容量、工作交换容量和再生交换容量，实验中属于工作交换容量。

（2）测定交换容量过程中，所用树脂称量要精确。

六、思考题

1．阴离子交换树脂为什么一般采用氯型树脂，并用动态法测定其总交换容量？

2．两种方法中，HCl、$AgNO_3$做标准溶液时起的作用是什么？写出方程式。

3．说明计算公式的原理。

实验十　SDS-聚丙烯酰胺凝胶电泳法分离鉴定牛血清白蛋白

一、目的要求

1．学习用 SDS-PAGE 分离鉴定蛋白质的原理。

2．掌握垂直板电泳的操作方法。

3．运用 SDS-PAGE 分离蛋白质及进行蛋白质染色定性分析。

二、实验原理

聚丙烯酰胺凝胶是丙烯酰胺单体（Acr）和少量的交联剂N，N’-甲叉双丙烯酰胺（Bis）在催化剂（过硫酸铵或核黄素）和加速剂（N，N，N’，N’-四甲基乙二胺）的作用下聚合交联成的三维网状结构的凝胶。以此凝胶为支持物的电泳称聚丙烯酰胺凝胶电泳（PAGE）。聚丙烯酰胺凝胶具有力学性能好、化学性能稳定、灵敏度好和分辨率高等优点。因而，PAGE应用十分广泛，可用于蛋白质、酶、多肽和核酸等生物分子的分离、定性、定量和少量制备，还可测定分子量和等电点等。

PAGE 根据其有无浓缩效应分为连续电泳体系和不连续电泳体系。

SDS 是十二烷基硫酸钠的简称，是一种阴离子去污剂，作为变性剂和助溶试剂，它能断裂蛋白质分子之间以及其他物质分子之间的氢键，使分子去折叠，破坏蛋白质分子的二、三级结构。在强还原剂如巯基乙醇或二硫苏糖醇的存在下，蛋白质分子内的半胱氨酸残基间的二硫键被打开并解聚成多肽链。解聚后的蛋白质分子氨基酸侧链与 SDS 充分结合形成带负电荷的蛋白质-SDS 复合物，复合物所带的负电荷大大超过了蛋白质分子原有的电荷量，这就消除了不同蛋白质分子之间原有的电荷差异。蛋白质-SDS 复合物在溶液中的形状像一个长椭圆棒。椭圆棒的短轴对不同的蛋白质亚基-SDS 复合物基本上是相同的（约 18 μm），但长轴的长度则与蛋白质分子量的大小成正比，因此这种复合物在 SDS-聚丙烯酰胺凝胶电泳（SDS-PAGE）系统中的电泳迁移率不再受蛋白质原有电荷的影响，而主要取决于椭圆棒的长轴长度即蛋白质及其亚基分子量的大小。因而，SDS-PAGE 不仅可以分离鉴定蛋白质，而且可以根据迁移率大小测定蛋白质亚基的分子量。

三、仪器与试剂

1．试剂

（1）凝胶储备液：30%丙烯酰胺/N，N’-亚甲基双丙烯酰胺（Acr/Bis）：称取 29.2 g Acr 及 0.8 g Bis，溶于蒸馏水中，最后定容至 100 mL，过滤后置棕色试剂瓶中，4℃保存。

（2）浓缩胶缓冲液：0.5 mol/L Tris-HCl（pH6.8）：量取 1 mol/L Tris 母液 50 mL，用盐酸调节 pH 值至 6.8，用蒸馏水定容至 100 mL，4℃储存。

（3）分离胶缓冲液：1.5 mol/L 三羟甲基氨基甲烷-盐酸（Tris-HCl）pH8.8：量取 3 mol/L

Tris 母液 50 mL，用盐酸调节 pH 值至 8.8，用蒸馏水定容至 100 mL，4℃储存。

（4）10% SDS 溶液：称取 SDS 10 g，加重蒸水微热使其溶解，并定容至 100 mL。在低温易析出结晶，用前微热，使其完全溶解。

（5）1%四甲基乙二胺（TEMED）：取 TEMED 1 mL，加重蒸水定容至 100 mL，置于棕色试剂瓶，4℃储存。

（6）10%过硫酸铵（AP）：称取AP 1 g，加重蒸水定容至10 mL，现用现配。如长期使用，配制后分装至1.5 mL离心管中，-20℃储存。

（7）5×电泳缓冲液（Tris-甘氨酸缓冲液 pH8.3）：称取 Tris 7.5 g，甘氨酸（Gly）36 g，SDS 2.5 g，用蒸馏水溶解后定容至 500 mL，使用时稀释 5 倍使用，4℃储存。

（8）2×上样缓冲液：取 0.5 mol/L Tris-HCl（pH6.8）2.0 mL，20%（W/V）SDS 2 mL，巯基乙醇 1.0 mL，甘油 2.0 mL，0.1%溴酚蓝 0.5 mL，加蒸馏水定容至 10 mL。

（9）染色液：称取考马斯亮蓝G250 0.25 g，加入454 mL 50%甲醇溶液和46 mL冰乙酸，如有不溶性颗粒，过滤即可使用。

（10）脱色液：75 mL 冰乙酸，875 mL 重蒸水与 50 mL 甲醇混匀。

（11）BSA蛋白质（牛血清白蛋白）溶液：称取纯BSA蛋白5 mg，溶于1 mL蒸馏水中，置-20℃中备用。

（12）蛋白质 Marker。

2．仪器

电泳装置如图 2-10-1 所示。

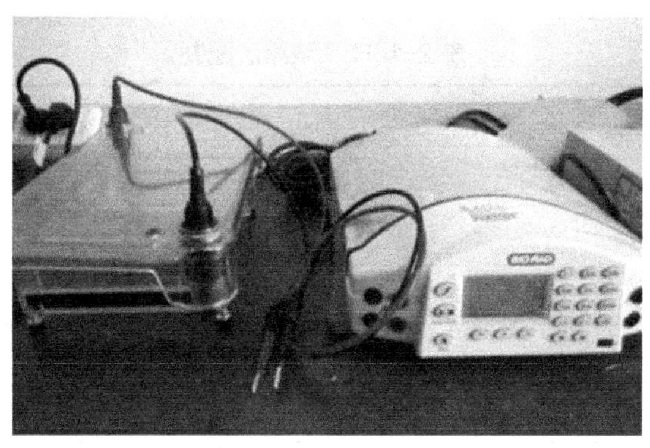

图 2-10-1　电泳装置

垂直平板电泳槽、直流稳压电泳仪、脱色摇床、精密天平、酸度计和pH试纸、移液器（1.0 mL、200 μL、20 μL和10 μL）、刀片、镊子、培养皿、烧杯、试管、滴管。

四、实验操作与步骤

1．实验步骤

（1）安装垂直板电泳槽。安装前，胶条、玻璃板、槽子都要洁净干燥，勿用手接触灌胶面的玻璃。

（2）配制分离胶。根据所测蛋白质分子量范围，选择适宜的分离胶浓度。本实验按表2-10-1配制20 mL 12%分离胶，混匀后用细长头滴管将凝胶液加至长、短玻璃板间的缝隙内，约8 cm高，用1 mL微量注射器取少许蒸馏水，沿长玻璃板板壁缓慢注入，3～4 mm

高，加入1 mL重蒸水进行水封。约30 min后，凝胶与水封层间出现折射率不同的界线，则表示凝胶完全聚合。倾去水封层的蒸馏水，再用滤纸条吸去多余水分。为了防止漏胶现象的发生，可以在电泳槽平板玻璃的底部加入少许预先加热溶解的1.5%琼脂。

表 2-10-1　不同浓度的分离胶配制

凝胶浓度/%	7.5	10	12	15	18
蒸馏水/mL	9.6	7.9	6.6	4.6	2.6
1.5 mol/L Tris-HCl（pH8.8）/mL	5	5	5	5	5
10%（W/V） SDS/μL	200	200	200	200	200
Acr/Bis（30%）/mL	5	6.7	8	10	12
TEMED/μL	10	10	10	10	10
10% AP/μL	200	200	200	200	200
总体积/mL	20	20	20	20	20

（3）浓缩胶的制备。按表 2-10-2 配制 10 mL 5%浓缩胶，混匀后用细长头滴管将浓缩胶加到已聚合的分离胶上方，直至距离短玻璃板上缘约 0.5 cm 处，轻轻将梳子插入浓缩胶内，避免带入气泡。约 30 min 后凝胶聚合，再放置 20～30 min。待凝胶凝固，小心拔去梳子，用窄条滤纸吸去样品凹槽中多余的水分，剥去低端封口用的琼脂凝胶，并用少许蒸馏水洗涤。将 pH 8.3 Tris-甘氨酸缓冲液加入到储槽中，应超过短板约 0.5 cm 以上，即可准备加样。

表 2-10-2　浓缩胶配制

凝胶浓度/%	5
蒸馏水/mL	6.8
0.5 mol/L Tris-HCl（pH6.8）/ mL	1.25
10%（W/V）SDS/μL	100
Acr/Bis（30%）/mL	1.7
TEMED/μL	10
10%（W/V）AP/μL	100
总体积/mL	10

（4）样品处理及加样。各标准蛋白质及待测蛋白质都用上样缓冲液溶解，使浓度为 0.5～1 mg/mL，沸水浴加热3～5 min，冷却至室温备用。处理好的样品液如经长期存放，使用前应在沸水浴中加热1 min，以消除亚稳态聚合。一般加样体积为10～15 μL（即2～10 μg蛋白质）。如样品较稀，可增加加样体积。用微量注射器小心将样品加入到加样孔，待样品加好后，即可开始电泳。

（5）电泳。将直流稳压电泳仪开关打开，开始时将电流调至 10 mA，电压 100 V。待样品进入分离胶时，将电流调至 20～30 mA，电压升至 300 V。当蓝色的溴酚蓝染料迁移至底部约 1 cm 时，停止电泳，关闭电源。

（6）剥胶。电泳结束后，拔掉固定板，取出玻璃板，用刀片轻轻将一块玻璃撬开移去，小心用蒸馏水清洗凝胶表面，将胶板移至染色缸中染色。

（7）染色及脱色。将染色液倒入染色缸或大号培养皿中，染色 1 h 左右后，回收染色液供循环使用。将染色的胶板用蒸馏水漂洗数次，放入脱色液中，置于脱色摇床上脱色，直到蛋白质区带清晰。

（8）照相。将脱色干净的凝胶用蒸馏水洗净，放置于白色玻璃板上，用凝胶成像系统摄取图像。

（9）分析凝胶电泳图像。将凝胶电泳图像用 BioRad 凝胶成像系统进行分析。

五、实验说明

（1）记录 SDS-PAGE 结果，分析 BSA 蛋白的纯度，结合蛋白 Marker，判断 BSA 的分子量。

（2）用 BioRad 凝胶成像系统估算 BSA 的含量。

（3）制胶过程中，四甲基乙二胺加入量要准确，控制好聚合时间（20～40 min）。

六、思考题

1．SDS-PAGE 和 PAGE 在原理上有何不同？

2．思考 SDS-PAGE 中各试剂所起的作用。

3．总结本实验成功或者失败的经验教训以及操作要注意的要点。

第三部分

产物的提取与精制

实验一　香菇多糖的提取分离

一、目的要求

让学生了解香菇多糖的理化性质及提取工艺流程，掌握真空浓缩技术。

二、实验原理

香菇是一种药食两用真菌，具有提高免疫力、抗癌、降糖等多种生理功能。水溶性多糖作为香菇主要活性成分之一，主要以β-1，3-葡聚糖的形式存在，分子量从几万到几十万不等。通过有机溶剂提取，用真空浓缩技术进行分离提取。

三、仪器与试剂

鼓风干燥器如图 3-1-1 所示。

原料：干香菇 1 kg。

试剂：氯仿、正丁醇、医用纱布、浓硫酸、重蒸酚、工业酒精。

仪器：组织捣碎机、水浴锅、旋转蒸发器、1 cm 比色皿、751 分光光度计、电子天平、台式离心机、试管、量筒、烧杯、玻璃棒。

图 3-1-1　鼓风干燥器

四、实验操作与步骤

（1）称取 1 kg 干香菇切成小块，以 1 : 10（重量比）加入水，用组织捣碎机进行均质。

（2）取 200 mL 均质液放入 1 L 烧杯中，再加入 300 mL 蒸馏水，加热至沸后，温火煮沸 1 h（注意：煮沸过程中用玻璃棒不断搅拌，以免烧杯底部发生糊结；并间歇加入少量水，使杯内液体体积保持在 500 mL 左右）。

（3）加热完毕后，将杯内液体用 8 层纱布过滤，除去残渣，上清液转入另一烧杯中。

（4）将上清液倒入圆底烧瓶中，在旋转浓缩仪上进行浓缩，浓缩条件为-0.1 MPa、60℃，浓缩液体积至 100 mL 左右停止。

（5）将浓缩液在 1×10 000 *g* 离心 10 min，将上清液转入另一烧杯，除去残渣。

（6）上清液中加入等体积的氯仿正丁醇溶液（体积比为 4∶1），搅拌 5 min，静置 30 min。

（7）将混合液体在 1×5 000 *g* 下离心 20 min，分离水相。

（8）在水相中加入终浓度为 80%的酒精，搅拌均匀，静置 20 min，1×5 000 *g* 下离心 10 min。

（9）取出沉淀物，使用丙酮、乙醚分别脱水，放入已称重的干燥表面皿中，在真空干燥箱中 80℃下真空干燥。

（10）干燥后，称重，计算多糖的产率。

（11）准确称取干燥后多糖 20 mg 于 500 mL 容量瓶中，加水定容。

（12）取定容液 2 mL 加入 6%苯酚 1 mL，混匀，再加入浓硫酸 5 mL，混匀，放置 20 min 后，于 490 nm 测吸光度。

（13）葡萄糖标准曲线的制定：准确称取葡萄糖20 mg定容于500 mL容量瓶中，分别取0.4、0.6、0.8、1.0、1.2、1.4、1.6 mL和1.8 mL，补水至2 mL，依（12）步骤分别测吸光度，根据葡萄糖浓度和吸光度绘制标准曲线。

（14）根据香菇多糖吸光度和葡萄糖标准曲线，计算多糖纯度。

五、实验说明

（1）计算多糖的提取率和纯度。

（2）加入等体积的氯仿正丁醇溶液要混合均匀，并离心去除杂蛋白。

（3）丙酮、乙醚脱水要彻底并进行真空干燥，因为多糖很容易被氧化。

六、思考题

1．利用所学知识，分析多糖沉淀的原理。

2．日常生活中的多糖包括哪些？举几例说明。

实验二　酵母蔗糖酶的提取

一、目的要求

1. 学习酶的纯化方法，了解酶蛋白分离提纯的原理。
2. 学习掌握细胞破壁、有机溶剂分级和离子交换柱层析技术。
3. 学习独立设计实验应遵循的原则。

二、实验原理

蔗糖酶主要存在于酵母中，故工业上通常从酵母中制取。酵母蔗糖酶系胞内酶，提取时细胞破碎或菌体自溶。常用的提纯方法有盐析、有机溶剂沉淀、离子交换和凝胶柱层析，以此可得到较高纯度的酶。

细胞破壁的几种方法如下：

（1）高速组织捣碎：将材料配成稀糊状液，放置于筒内约 1/3 体积，盖紧筒盖，将调速器先拨至最慢处，开动开关后，逐步加速至所需速度。

（2）玻璃匀浆器匀浆：先将剪碎的组织置于管中，再套入研杆来回研磨，上下移动，即可将细胞研碎。此法细胞破碎程度比高速组织捣碎机为高，适用于量少和动物脏器组织。

（3）反复冻融法：将细胞在-20℃以下冰冻，室温融解，反复几次，由于细胞内冰粒形成和剩余细胞液的盐浓度增高引起溶胀，使细胞结构破碎。

（4）超声波处理法：用一定功率的超声波处理细胞悬液，使细胞急剧震荡破裂。此法多适用于微生物材料。

（5）化学处理法：有些动物细胞，例如肿瘤细胞可采用十二烷基磺酸钠（SDS）、去氧胆酸钠等细胞膜破坏，细菌细胞壁较厚，采用溶菌酶处理效果更好。

有机溶剂沉淀法即向水溶液中加入一定量的亲水性的有机溶剂，可降低溶质的溶解度使其沉淀被析出。

三、仪器与试剂

制冷机如图 3-2-1 所示。

（1）实验材料：啤酒酵母（市售安琪酵母）。

（2）实验试剂：二氧化硅、甲苯（使用前预冷到 0℃以下）、去离子水（使用前冷至 4℃左右）、1 mol/L 醋酸、95%乙醇等。

（3）实验器材与仪器：研钵 1 个、离心管 3 个、滴管 3 个、量筒 50 mL 1 个、水浴锅 1 个、恒温水浴 1 个、烧杯 100 mL 2 个、pH 试纸、高速冷冻离心机。

图 3-2-1　制冷机

四、实验操作与步骤

1．蔗糖酶的提取

（1）准备一个冰浴，将研钵稳妥放入冰浴中。预先在冰箱中冷却 5 g 干酵母和 2.5 g 二氧化硅。

（2）将 5 g 干酵母和 2.5 g 二氧化硅，放入研钵中。量取预冷的甲苯 15 mL 缓慢加入酵母中，边加边研磨成糊状，约需 60 min。研磨时用显微镜检查研磨的效果，至酵母细胞大部分研碎。

（3）缓慢加入预冷的 20 mL 去离子水，每次加 2 mL 左右，边加边研磨，至少用 30 min，以便将蔗糖酶充分转入水相。

（4）将混合物转入两个离心管中，平衡后，用高速冷离心机离心，4℃，10 000 r/min，10 min。如果中间白色的脂肪层厚，说明研磨效果良好。用滴管吸出上层有机相。

（5）用滴管小心地取出脂肪层下面的水相，转入另一个清洁的离心管中，4℃，10 000 r/min，离心10 min。

（6）将清液转入量筒，量出体积，留出 1.5 mL 测定酶活力及蛋白含量。剩余部分转入清洁离心管中。

（7）用 pH 试纸检查清液 pH 值，用 1 mol/L 醋酸将 pH 值调至 5.0，称为“粗级分 I”。

2．提取物的热处理

（1）预先将恒温水浴调到 50℃，将盛有粗级分 I 的离心管稳妥地放入水浴中，50℃下保温 30 min，在保温过程中不断轻摇离心管。

（2）取出离心管，于冰浴中迅速冷却，4℃，10 000 r/min，离心 15 min。

（3）将上清液转入量筒，量出体积，留出 1.5 mL 测定酶活力及蛋白质含量（称为热级分 II）。

3．提取物的乙醇沉淀

将热级分 II 转入小烧杯中，放入冰盐浴（没有水的碎冰撒入少量食盐），逐滴加入等体积预冷至-20℃的 95%乙醇，同时轻轻搅拌，共需 30 min，再在冰盐浴中放置 10 min，以沉淀完全。于 4℃，10 000 r/min，离心 10 min，倾去上清，并滴干，离心管中沉淀用 5～8 mL Tris-HCl（pH7.3）缓冲液充分溶解（若溶液混浊，则用小试管，4 000 r/min 离心除去不溶物），量出体积，留出 1.5 mL 测定酶活力及蛋白质含量（醇级分III）。剩余部分交给老师，用于以后的实验。

4．蔗糖酶活性及蛋白质浓度的测定

（1）各级分蛋白质浓度测定。

① 蛋白质浓度测定——标准曲线的制备。取 12 支干净试管，分两组按表 3-2-1 编号并加入试剂混匀。以吸光度平均值为纵坐标、各管蛋白含量作为横坐标作图得标准曲线。

② 各级分蛋白浓度的测定。取 7 支干净试管，每级分做两管，按表 3-2-2 编号并加入试剂混匀。读取吸光度值。以各级分的吸光度的平均值查标准曲线即可求出蛋白质含量。各级分应进行一定倍数的稀释，先试做，选其吸光度值在标准曲线内为宜。

（2）各级分蔗糖酶活性的定性和半定量测定。在点滴板上每个孔中滴加一滴 0.2 mol/L pH4.6 的醋酸缓冲液，再滴加一滴 0.5 mol/L 蔗糖溶液和各级分的稀释溶液，反应 5 min，使用血糖仪进行自动测量。结果列于表 3-2-3。

表 3-2-1　考马斯亮蓝法测定蛋白质浓度——标准曲线的绘制

编　　号	0	1	2	3	4	5
标准蛋白液/mL	—	0.2	0.4	0.6	0.8	1.0
水/mL	1.0	0.8	0.6	0.4	0.2	0.0
考马斯亮蓝/mL	5	5	5	5	5	5
蛋白含量/μg						
	保温 10 min 后，静置 5 min					
1　$A_{595\ nm}$						
2　$A_{595\ nm}$						
$A_{595\ nm}$平均值						

表 3-2-2　各级分蛋白浓度的测定

编　　号	0	1		2		3	
粗级分 I/mL		0.5	0.5				
热级分 II/mL				0.5	0.5		
醇级分 III/mL						0.5	0.5
水/mL	1	0.5	0.5	0.5	0.5	0.5	0.5
考马斯亮蓝/mL	5	5	5	5	5	5	5
蛋白含量/μg	各级分应进行一定倍数的稀释，先试做，选其吸光度值在标准曲线内						
	保温 10 min 后，静置 5 min						
$A_{595\ nm}$							
$A_{595\ nm}$ 平均值							
各级分蛋白浓度/（mg/mL）							

表 3-2-3　各级分蛋白酶活性的测定

各级分样液	粗级分 I	热级分 II	醇级分 III
		反应 5 min	
定性			
定量/（mmol/L）			

定性：以-，±，+，++，+++，++++代表酶活力大小。

五、实验说明

（1）整个提取过程要在冷链条件下进行。

（2）酶活的测定要进行适度的稀释。

（3）不同级分的蛋白含量与酶活有不一样的结果，要加以注意。

六、思考题

1. 简述血糖仪测定酶活的原理。
2. 常用蛋白酶沉淀的方法有哪些？可否使用之？

实验三　反胶束萃取胰蛋白酶

一、目的要求

1．加深对反胶束萃取原理的理解。

2．了解反胶束萃取工艺过程及影响因素。

3．研究 pH 值和盐离子强度对萃取率和反萃取率的影响规律，求出适宜的萃取 pH 值和离子强度。

二、实验原理

反胶束萃取技术是近几年来发展的具有开发前景的新型分离技术。它是由表面活性剂分散在有机溶剂（连续相）中，自发形成纳米级的聚集体，称反胶束（或称反胶团）。在反胶束溶液中，组成反胶束的表面活性剂定向排列，其非极性尾向外伸入非极性有机溶剂主体中，而极性头向内排列，形成一个极性核，核内充满水溶液，具有溶解蛋白质之类大分子物质的能力。当含反胶束的有机溶剂与蛋白质水溶液接触时，蛋白质在静电引力、疏水作用力或亲和力等推动力作用下溶入极性核中，从而被萃取，然后再控制适当的条件，使蛋白质从负载有机相中重新反萃取到水相，达到纯化目的。

影响反胶束萃取的因素很多，主要有水相溶液的 pH 值、离子强度、表面活性剂和有机溶剂的种类与浓度、温度等。

胰蛋白酶广泛存在于动物的胰中，分I型和II型两种，其相应前体分别为胰蛋白酶原I（CTN）和胰蛋白酶原II（ATN）。正常胰液中胰蛋白酶原占总蛋白质含量的19%，CTN是ATN的2倍。

一般通过有机溶剂或硫酸铵沉淀法制得胰酶粗品。本实验利用阴离子型表面活性剂 AOT 在异辛烷中形成的反胶束系统对胰酶粗提物中的胰蛋白酶进行提取，使胰蛋白酶的纯度得到较大提高。由于 AOT 是具有双链、极性头较小的表面活性剂，所以堆砌率高，在异辛烷中能自发形成反胶束溶液。

三、仪器与试剂

1．仪器

循环水式真空泵、布氏漏斗、吸滤瓶、水浴恒温振荡器、酸度计、电子台秤、具塞三角瓶、10 mL 刻度离心试管、离心机、量筒、烧杯、吸管或可调式移液管等。

2．试剂

胰酶粗提物、AOT（琥珀酸二酯磺酸钠、>96.0%）、BAEE（N-苯甲酰-L-精氨酸乙酯、>98.0%、生化试剂）、异辛烷、乙醇、碳酸钠、碳酸氢钠、氯化钾、磷酸氢二钠、磷酸二氢钠、硅藻土和透析袋等。

四、实验操作与步骤

1．反胶束相系统的萃取操作

（1）不同 pH 值对萃取的影响。

① 配制缓冲液：分别配制 pH5.8、6.4、6.8、7.2、7.6 的 0.01 mol/L Na_2HPO_4 /NaH_2PO_4 缓冲液，其中 KCl 含量均为 0.06 mol/L。

② 配制酶液：分别称取 0.5～2 g 的猪胰酶粗提物干粉，加入 100 mL 上述不同 pH 值的缓冲液中，控制胰蛋白酶的酶活均为 200～300 U/mL，磁力搅拌 30 min，使酶得到充分溶解。再加入 1%硅藻土作为助滤剂，真空抽滤，得到澄清的酶溶液。

由于粗酶粉的溶解会改变溶液中的pH值，所以要用上述对应的缓冲液分别进行透析：将酶液装入透析袋中，两头扎紧，吊在缓冲液中，冰箱放置，经多次换液后，使达到萃取所要求的pH值。透析后的酶溶液即可用于萃取。萃取前取样测定其酶活（U/mL）和蛋白质浓度，计算比活（U/mg）。

③ 配制含 15%（V/V）乙醇的 0.1 mol/L AOT/异辛烷反胶束相：称取 4.4 g AOT 溶于少量异辛烷中，加入 15 mL 无水乙醇，再用异辛烷定容至 100 mL，形成无色透明的溶液。

④ 萃取：分别吸取不同 pH 值的酶溶液 5 mL 和等体积的 15%乙醇的 0.1 mol/L AOT/异辛烷反胶束相于 3 只具塞三角瓶中，置于 25℃恒温摇床中，250 r/min 振荡 10 min，使达到萃取平衡，胰蛋白酶充分转移至反胶束团中。

⑤ 将充分混合的反胶束溶液倒入10 mL刻度离心试管中，用离心机离心（4 000 r/min，离心10 min），使分离成上、下两相。记录上、下相的体积（mL），并测定水相（下相）的酶活。

按下式计算萃取率：

$$萃取率=\frac{U_0\times V_0-U_1\times V_1}{U_0\times V_0}\times 100\%$$

式中 U_0 和 V_0——初始酶液的酶活（U/mL）和体积（mL）；

U_1 和 V_1——萃取后下相的酶活（U/mL）和体积（mL）。

（2）KCl 离子强度对萃取的影响。

① 配制缓冲液：在上述已配制 pH7.2 的 0.01 mol/L Na_2HPO_4/NaH_2PO_4 缓冲液中，分别加入不同量 KCl，溶解，使含量分别为 0.04、0.06、0.08、0.10 mol/L。

② 配制酶液：称取0.5～2 g的猪胰酶粗提物干粉，分别加入100 mL上述不同KCl含量的缓冲液中（控制胰蛋白酶的酶活均为200～300U/mL），磁力搅拌30 min，使酶得到充分溶解。再加入1%的硅藻土作为助滤剂，抽滤，得到澄清的酶溶液。用上述对应的KCl缓冲液分别进行透析，并多次换液使达到萃取所要求的pH7.2的数值。萃取前取样测定其酶活（U/mL）和蛋白质含量，计算比活（U/mL）。

以下的萃取操作均与上述相同。

2．反胶束系统的反萃取操作

配制 pH10.1～10.3 的 0.05 mol/L Na_2CO_3/$NaHCO_3$ 反萃取缓冲液，其中含 4%（V/V）乙醇和 1.2 mol/L KCl。

在萃取离心后的上层有机相中分别加入等体积的上述反萃取缓冲液，25℃恒温摇床

250 r/min 振荡 10 min，充分混合，使胰蛋白酶转入水相。

将充分混合的上述溶液分别倒入10 mL刻度离心试管中，用离心机离心（4 000 r/min，离心10 min），使分离成上、下两相。记录上、下相的体积（mL），并分别测定反萃取液（下相）的酶活。按下式计算反萃率：

$$萃取率 = \frac{U_2 \times V_1}{U_0 \times V_0 - U_1 \times V_1} \times 100\%$$

式中　U_2和V_2——反萃液的酶活（U/mL）和体积（mL）。

根据原酶液和反萃液中蛋白质含量以及酶活，计算胰蛋白酶比活（U/mg 蛋白）。

五、实验结果和讨论

1．分别列表记录在不同 pH 值和 KCl 浓度下，实验所得萃取率和反萃率的数据。

2．以萃取率和反萃率为纵坐标、萃取缓冲液中 KCl 浓度为横坐标，制作 KCl 浓度对萃取率和反萃率的影响曲线图。总结其规律，并从理论上解释原因。

3．根据萃取前酶液的比活和反萃取后反萃液的比活，计算经反胶束萃取后，胰蛋白酶纯度（比活）的提高倍数。

实验四　人参总皂苷的提取及薄层层析法鉴定

一、目的要求

1．了解人参皂苷等三萜类化合物的结构与性质。
2．掌握人参皂苷及类似的化合物提取分离原理与方法。
3．熟练掌握薄层层法的原理与制板方法。
4．学习人参总皂苷的薄层层析检测方法。

二、实验原理

人参（Panax ginseng C.A.Meyer）为五加科人参属多年生草本植物，是名贵中药材，人参皂苷（ginsenoside）是人参中最主要药用次生代谢活性成分。目前已从人参根中分离出 100 余种人参皂苷单体，现代医学研究证实，人参皂苷具有较好的抗肿瘤、抗炎、抗氧化和抑制细胞凋亡等药理活性。人参皂苷属于三萜类，是由苷元和糖相连而成的糖苷类化合物。根据苷元不同，人参皂苷可分为 3 种类型：一类是齐墩果烷型五环三萜类皂苷 Ro，其皂苷元为齐墩果酸，另两类是人参二醇型皂苷（如 Rb1、Rb2、Rc、Rd、F2、Rg3、Rh2 等）和人参三醇型皂苷（如 Re、Rg1、Rg2、Rf、Rh1 等），两者均属于达玛烷型四环三萜类皂苷，它们在人参皂苷中占大多数，是其中的主要活性成分。图 3-4-1 为人参二醇型皂苷和人参三醇型皂苷。

20(S)-protopanaxadiol(R_1=R_2=H)　　20(S)-protopanaxatriol(R_1=R_2=H)

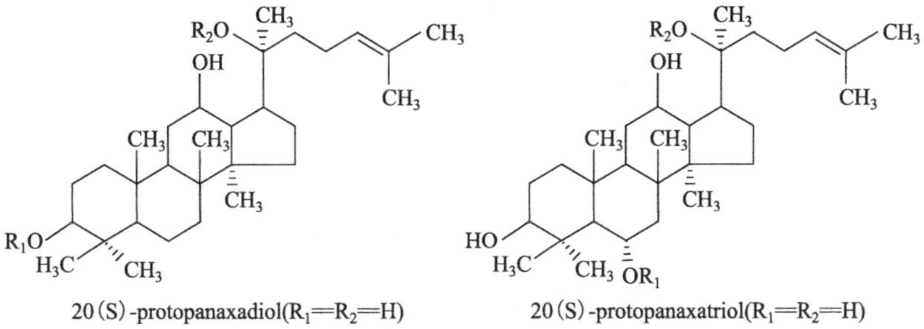

图 3-4-1　人参二醇型皂苷和人参三醇型皂苷

薄层色谱又称为薄层层析，属于固—液吸附色谱。其基本原理是利用混合物各组分在某一物质中的吸附或溶解性能（分配）的不同，或其亲和性的差异，使混合物的溶液流经该种物质进行反复的吸附或分配作用，从而使各组分分离。当流动相（展开剂）带着混合物组分以不同的速率沿板移动，即组分被吸附剂不断地吸附，又被流动相不断地溶解——解吸而向前移动。由于吸附剂对不同组分有不同的吸附能力，流动相也有不同的解吸能力。因此，在流动相向前移动的过程中，不同的组分移动不同的距离而形成了互相分离的斑点。在给定条件下（吸附剂、展开剂的选择，薄层厚度及均匀度等），化合物移动的距离与展开剂前沿移动的距离之比值（R_f 值）是给定化合物特有的常数。

影响 R_f 值的因素很多，如样品的结构、吸附剂和展开剂的性质、温度以及薄层板的质量等。当这些条件都固定时，化合物的比移值 R_f 是一个特性常数。但由于实验条件容易改变而不易固定，因此在鉴定一个具体化合物时，经常采用与已知标准样品对照的方法。

利用薄层色谱进行分离及鉴定工作，在灵敏、快连、准确方面比纸色谱优越。薄层色谱的特点是：① 设备简单，操作容易；② 分离时间短，只需数分钟到几小时即可得到结果，因而常用来跟踪有机反应，监测有机反应完成的程度；③ 分离能小，斑点集中，特别适用于挥发性小，或在高温下易发生变化而不能用气相色谱分离的物质；④ 可采用腐蚀性的显色剂如浓硫酸，且可在较高温度下显色；⑤ 不仅适用于小量样品（几毫克）的分离，也适用于较大量样品的精制（可达500 mg）。应该指出，薄层色谱是否成功，与样品、使用的吸附剂、展开剂以及薄层的厚度等因素有关。

三、仪器与试剂

水分测定仪如图 3-4-2 所示。

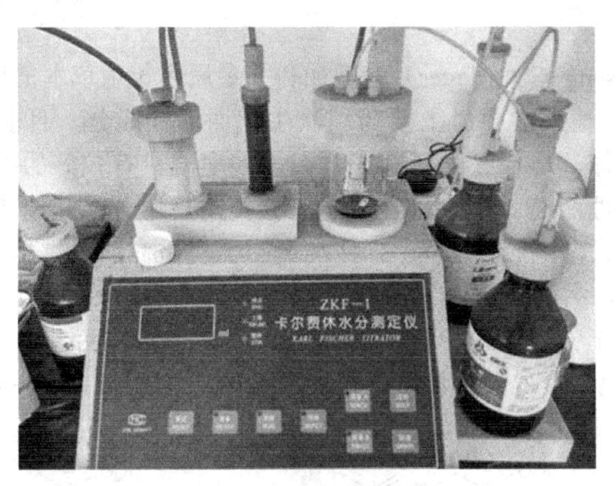

图 3-4-2　水分测定仪

1. 试剂

人参皂苷 Rd、人参皂苷 Rb1、人参皂苷 Rf、人参皂苷 Rg2、人参皂苷 Rc、硅胶 GF254 羧甲基纤维素钠、乙酸乙酯、正丁醇、硫酸、甲醇、乙醚、浓盐酸、乙醇。

2. 仪器

超纯水机、干燥箱、恒温水浴锅、超声波细胞破碎仪、电子天平、喷壶、电吹风、研钵、移液枪、烧杯、离心管、离心机、减压抽滤装置、层析缸、锥形瓶、玻璃棒、直尺、铅笔、量筒、铁架台、滤纸等。

四、实验操作与步骤

1. 人参总皂苷的制备

取适量干燥的人参根或者发根，粉碎成 100 目左右的粉末，取一定量用 80%甲醇 60℃浸提（1 g∶40 mL），超声波处理 2～3 次，每次 15 min；60℃水浴蒸干甲醇，然后用 5～10 mL 水洗溶解（或采用超声波促其溶解），乙醚萃取两次，取水相，然后用水饱和正丁醇萃取，收集正丁醇层。60℃蒸干正丁醇，即得到人参总皂苷，用适量的甲醇超声波溶解，定容。

2．薄层层析鉴定人参总皂苷

（1）硅胶薄层板的制备：用电子天平称取8 g GF254硅胶与25 mL 0.5%羧甲基纤维素钠于研钵中，沿同一方向充分研磨30 min，直至成糊状且无气泡，可成珠状滴下时，立即倒在备好的10 cm×20 cm玻璃板中心线上，快速左右倾斜振摇，使糊状物均匀分布在整个板面上，然后水平放在桌面上阴干。

（2）点样：将已经阴干的硅胶板放在烘箱内 105℃活化 0.5～1 h。将活化好的薄层板边缘附着的吸附剂刮净，放置于点样台上，用 2B 铅笔轻轻地在距离玻璃板下缘 1.5 cm 处画一横线即点样线。用毛细管吸取约 10 μL 的已配制好的 5 mg/mL 人参总皂苷样品甲醇溶液与其他人参皂苷单体样品甲醇溶液在点样线上点样，每个样点间相差 1～1.5 cm，点样完成后用吹风机将样品吹干。吹干后置于展开剂正丁醇∶乙酸乙酯∶水（4∶1∶5，V/V/V，上层）展开，当溶剂前沿线与点样线相差 8 cm 左右时即可将硅胶板取出。

（3）显色：待展开剂挥发后，喷 10%（V/V）硫酸—乙醇溶液于烘箱中 105℃ 10 min 显色，并通过迁移率（R_f）来初步鉴定人参皂苷成分。迁移率计算方法如下：

$$R_f=\frac{\text{组分移动距离}}{\text{溶剂前沿距离}}$$

3．实验结果与分析

拍照记录薄层层析结果，量出各斑点组分的距离，计算 R_f 值；总结和分析实验成功或失败的原因。

五、实验说明

（1）干燥的人参根是指 60℃干燥至恒重。

（2）乙醚萃取过程需要在通风橱中进行，且需要戴上口罩防止吸入乙醚。

六、思考题

1．为了提高薄层层析的效果，防止展开后拖尾、条带不清晰和扭曲等，你认为操作中主要应注意哪些方面的问题？

2．思考如何选择合适的展开剂，有利于目标物质的分离与鉴定？

3．TLC 显色方法有哪些？各有什么优势？如何选择这些方法？

4．TLC 操作中有哪些要点？各起什么作用？

实验五　甘草酸单钾盐的制备

一、目的要求

1. 了解天然小分子的一般提取分离工艺。
2. 掌握甘草酸单钾盐的制备工艺。

二、实验原理

甘草酸是甘草中最主要的活性成分。特点是高甜度、低热能、安全无毒，起泡性和溶血作用很低，具有增溶、增加药物稳定性、提高生物利用度及降低毒副作用的功效。甘草酸的许多金属盐，人体可适当吸收，不易造成元素的积蓄中毒。因此常被用来配制成健脾开胃、止咳化痰、顺气止喘、治疗慢性肝炎、降低血脂的良药，同时还具有抗癌防癌、干扰素诱生剂及细胞免疫调节剂等功能。单钾盐的制备工艺如图3-5-1所示。

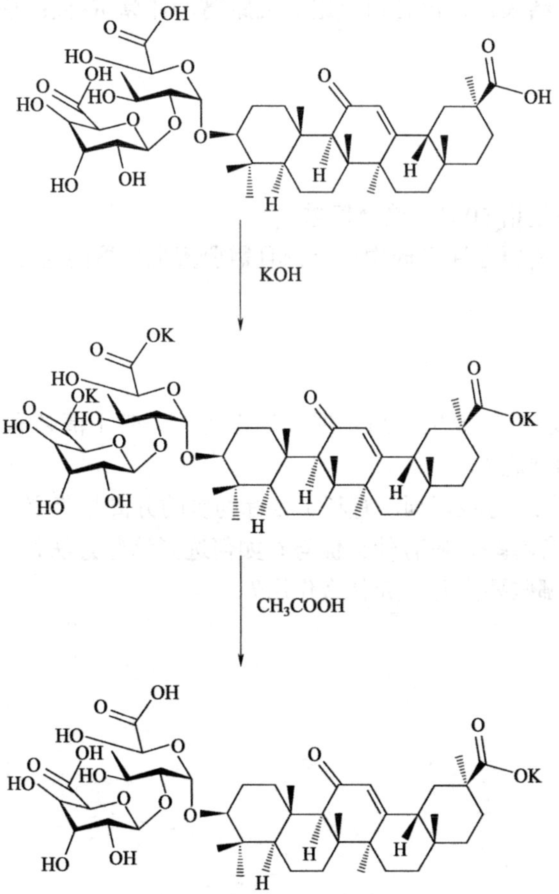

KOH

CH_3COOH

图 3-5-1　单钾盐的制备工艺

三、仪器与试剂

紫外—可见分光光度计如图 3-5-2 所示。

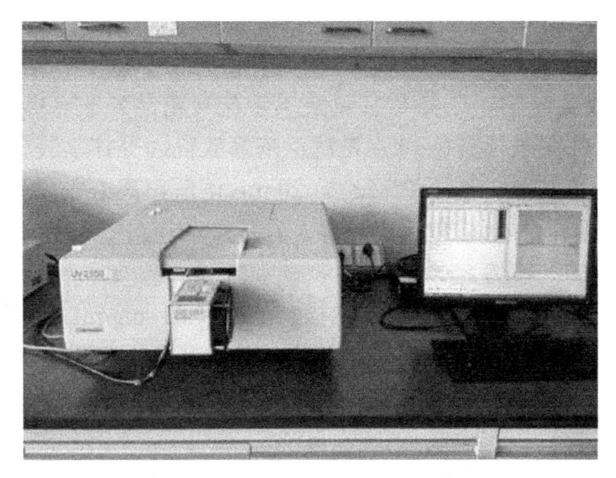

图 3-5-2 紫外—可见分光光度计

1. 仪器

旋转蒸发器、渗漏提取装置、显微熔点仪、高效液相色谱仪等。

2. 试剂

甘草、去离子水、氢氧化钾、硫酸、乙醇等。

四、实验操作与过程

（1）市售甘草干燥，用粉碎机将其粉碎成粉末，过 100 目筛。

（2）用电子天平称取甘草粉末 100 g，加蒸馏水 500 mL，冷浸 24 h，取上清液，加 500 mL 蒸馏水，再取上清液，加 500 mL 蒸馏水，经过滤，得到冷浸上清液，加浓硫酸调 pH 值到 2 左右，冷藏沉淀，过滤干燥得甘草酸粗品。

（3）甘草中甘草酸的测定。提取液摇匀，准确移取一定量的提取液转移到 25 mL 容量瓶中，用 70%乙醇定容，静置 20 min 后，于 254 nm 处测定吸光度。据标准曲线计算提取液中甘草酸的浓度，再计算甘草酸提取率。公式如下：

$$Y=13.17X-0.017$$

式中 Y——吸光度；

X——浓度（mg/mL）。

$$\text{甘草酸提取率}=\frac{n\times C\times V}{m}\times 100\%$$

其中 n——提取液稀释倍数；

C——提取液中甘草酸的浓度（mg/mL）；

V——提取液体积（mL）；

m——甘草的质量（mg）。

（4）甘草酸三钾盐的制备。称取3 g甘草酸粗品，加80 mL丙酮进行热回流，热回流2 h，倒出液体，加80 mL丙酮，2 h后第二次倒出液体，再加80 mL丙酮，2 h后第3次倒出液体，一共热回流3次，得到的丙酮酸液先进行过滤，然后进行蒸馏浓缩，浓缩到10 mL，加入70%的氢氧化钾乙醇溶液，调pH值到8～8.5，低温冷藏，静置得沉淀，该沉淀是甘草酸三钾盐。

（5）甘草酸单钾盐的制备。称取三钾盐0.7092 g，加入4.5 mL乙酸，在60℃下溶解，溶液冷却静置，再过滤得沉淀物，干燥得甘草酸单钾盐（粗品）0.3375 g，最后加入75%乙醇50 mL溶解，3 g粉末活性炭进行脱色3 h，过滤，浓缩放置，得甘草酸单钾盐。

（6）甘草酸单钾盐重结晶。使用 75%乙醇 20 mL 溶解，离心去除不溶物，放置 0℃～4℃冰箱重结晶，重复 1 次，得甘草酸单钾盐精品。

（7）甘草酸单钾盐的纯度鉴定。

① UV2550 紫外—可见光谱的全波段扫描。配制 0.01 mg/mL 的甘草酸单钾盐水溶液，以水为参比溶液，进行 200～400 nm 的光谱扫描，确定其最大和最小吸收波长。

② 熔点的测定。按照显微熔点仪的使用说明进行甘草酸单钾盐精品的熔点测定，确定其熔程。

③ 选择 HPLC 面积归一法进行纯度的初步鉴定，色谱条件：C_{18}色谱柱（250 mm×46 mm 0.5 μm），检测波长为 258 nm，流动相为甲醇：水：冰乙酸：乙腈（45：36：1：20），流速为 1.0 mL/min。

五、实验说明

（1）甘草原料中甘草酸的含量直接影响产品的质量，要求使用新疆产甘草或甘肃产甘草。

（2）三钾盐的制备所需 pH 值要严格控制，太高会导致甘草酸水解，太低会放慢反应速度。

（3）单钾盐使用乙酸来进行制备时，温度和时间要把握好。

六、思考题

1．为什么使用氢氧化钾和乙酸来进行甘草酸单钾盐的制备？

2．在制备过程中，哪些是关键控制点？简要说明理由。

实验六　胰凝乳蛋白酶的制备

一、目的要求

1．掌握盐析法分离酶的基本原理和操作。
2．掌握结晶的基本方法和操作。
3．学习胰凝乳蛋白酶制备的方法。

二、实验原理

蛋白质分子表面带有一定的电荷，因同种电荷相互排斥，使蛋白质分子彼此分离；同时，蛋白质分子表面分布着各种亲水基团，这些基团与水分子相互作用形成水化膜，增加蛋白质水溶液的稳定性。如果在蛋白质溶液中加入大量中性盐，蛋白质分子表面的电荷被大量中和，水化膜被破坏，于是蛋白质分子相互聚集而沉淀析出，这种现象称为盐析。由于不同的蛋白质分子表面所带的电荷多少不同，分布情况也不一样，因此不同的蛋白质盐析所需的盐浓度也各异。盐析法就是通过控制盐的浓度，使蛋白质混合液中的各个成分分步析出，达到粗分离蛋白质的目的。

三、仪器与试剂

1．仪器
冷冻离心机（图 3-6-1）、高速组织捣碎机、解剖刀、烧杯、透析袋、分析天平等。
2．样品及试剂
新鲜猪胰脏、H_2SO_4、固体（NH_4）$_2SO_4$、NaOH、$BaCl_2$ 等。

图 3-6-1　冷冻离心机

四、实验操作与步骤

（1）提取过程：取新鲜猪胰脏，放在盛有冰冷 0.125 mol/L H_2SO_4的容器中，保存在冰箱中待用。去除胰脏表面的脂肪和结缔组织后称重。用组织捣碎机绞碎，然后湣悬于 2 倍体积的冰冷 0.125 mol/L H_2SO_4溶液中，放冰箱内过夜。将上述混悬液离心 10 min，上层液经 2 层纱布过滤至烧杯中，将沉淀再混悬于等体积的冰冷的 0.125 mol/L H_2SO_4溶液中，再离心，将两次上层液合并，即为提取液。

（2）分离过程：取提取液 10 mL，加 1.14 g 固体（NH_4）$_2SO_4$，放置 10 min，离心（3 000 r/min）10 min，弃去沉淀，保留上清液。在上清液中加入 1.323 g 固体（NH_4)$_2SO_4$，放置 10 min 离心 10 min，弃去上清液，保留沉淀。将沉淀溶解于 3 倍体积的水中，装入透析袋中，用 pH 值为 7.4 的 0.1 mol/L 磷酸盐缓冲液透析，直至 1%$BaCl_2$检查无白色 $BaSO_4$沉淀产生，然后离心 5 min，弃去沉淀（变性的酶蛋白），保留上清液。在上清液中加（NH_4)$_2SO_4$（0.39 g/mL），放置 10 min，离心 10 min，弃去上清液，保留沉淀（即为胰凝乳蛋白酶）。

（3）结晶过程：取分离所得的胰凝乳蛋白酶容于 3 倍体积的水中，然后加（NH_4)$_2SO_4$（1.14 g/mL）至胰凝乳蛋白酶溶液，用 0.1 mol/L 的 NaOH 调节 pH 值至 6.0，在室温下（25℃～ 30℃）放置 12 h 即可出现结晶。

（4）干燥：5 000 r/min 离心 10 min 结晶液，去除上清，放置冷冻干燥器中干燥，称重。

五、实验说明

（1）整个操作过程在 0℃～5℃条件下进行。

（2）胰凝乳蛋白酶的结晶形态与制备工艺有一定的相关性。

六、思考题

1．什么是分步盐析法？

2．计算胰凝乳蛋白酶的得率，并分析影响胰凝乳蛋白酶得率的因素。

实验七　离子交换法纯化蔗糖酶

一、目的要求

1．学习离子交换层析的基本原理。

2．学习离子交换层析分离蛋白质的基本方法和技术。

3．学习蔗糖酶活性检测的基本原理和方法。

二、实验原理

离子交换层析是常用的层析方法之一。它是在以离子交换剂为固定相、液体为流动相的系统中进行的。离子交换剂与水溶液中离子或离子化合物的反应主要以离子交换方式进行，或者借助离子交换剂上电荷基团对溶液中离子或离子化合物的吸附作用进行。这些过程都是可逆的。在某一pH值的溶液中，不同的蛋白质所带的电荷存在差异，因而与离子交换剂的亲和力就有区别。当洗脱液的pH值改变或者盐的离子强度逐渐提高时，使某一种蛋白质的电荷被中和，与离子交换剂的亲和力降低，不同的蛋白质按所带电荷的强弱逐一被洗脱下来，达到分离的目的。

三、仪器与试剂

1．实验材料

实验二所得蔗糖酶醇级分样品III。

2．实验试剂

DEAE-Sepharose Fast Flow （弱碱性阴离子交换剂）；20 mmol/L Tris-HCl（pH7.3）缓冲液（每组 250 mL 左右）；20 mmol/L Tris-HCl（1 mol/L NaCl）（pH7.3）缓冲液（学生自配）；0.2 mol/L 乙酸缓冲液，pH4.5；5%蔗糖溶液；3，5-二硝基水杨酸试剂。

3．实验设备

酸度计；高速冷冻离心机；层析柱（ϕ1.0×20 cm）（1支/组）；恒流泵（流速0.8～1 mL/min）（10 r/min）（1台/组）；梯度混合器（100 mL梯度杯）（1套/组）；核酸蛋白检测仪（灵敏度0.5A）（1台/组）；记录仪（纸速：0.5 mm/min；灵敏度：50 mV）（1台/组）；部分收集器及收集试管（4 mL/管）（1台/组）；铁架台、夹子 （固定层析柱用）（1套/组）；-20℃冰箱（保存样品用）；微量移液枪（200 μL、1 000 μL）；1.5 mL离心管；7 mL离心管；恒温水浴（100℃）；试管、移液管、试管架等。

四、实验操作与步骤

1．离子交换剂准备

取适量（1.5～2 g/每组）DEAE-Sephadex，加入 0.5 mol/L NaOH 溶液，轻轻搅拌，

浸泡 0.5 h，用玻璃砂漏斗抽滤，并用去离子水洗至近中性，抽干后，放入小烧杯中，加 50 mL 0.5 mol/L HCl，搅匀，浸泡 0.5 h，同上，用去离子水洗至近中性，再用 0.5 mol/LNaOH 重复处理一次，用去离子水洗至近中性后，抽干后浸入 20 mmol/L Tris-HCl pH7.3 缓冲液中平衡备用（因 DEAE 纤维素昂贵，用后务必回收）。如果使用 DEAE-Sepharose Fast Flow，按说明书处理。

2．装柱与平衡

先将层析柱垂直装好，调好流速（0.8～1 mL/min），然后将柱下端的出水口关闭，加进5 mL 20 mmol/L Tris-HCl（pH7.3）的缓冲液，然后将处理好的DEAE-Sepharose Fast Flow，轻轻搅匀（注意不能太稀，也不能太稠，刚好呈流质状态），沿玻璃棒靠近柱管壁慢慢连续加进柱内至层析柱上端。注意不能带进气泡，待凝胶自然沉积离柱管上端1～2 cm后松开层析柱出口，控制流速 0.8～1 mL/min；待柱内DEAE-Sepharose Fast Flow 凝胶沉降至稳定高度并分出水层后，吸去水层，用玻棒将沉降界面搅匀，再补加处理好的DEAE-Sepharose Fast Flow凝胶，直到凝胶沉降至稳定高度距层析柱上端3 cm处为止（这时须保持DEAE-Sepharose Fast Flow凝胶柱面平整）。用20 mmol/L Tris-HCl（pH7.3）的缓冲液连通层析柱，进行柱平衡，直到流出液与缓冲液的pH值一致。

3．样品的处理与上样

将乙醇沉淀的蔗糖酶蛋白样品充分溶解于15 mL 20 mmol/L Tris-HCl（pH7.3）缓冲液；4℃ 15 000 r/min，离心10 min，收集样品上清液，测量总体积，留取1.5 mL样品用于蔗糖酶蛋白含量测定、蔗糖酶活力的测定（可先取50 μL酶液立刻做酶活力检测，因为环境变化对酶活影响较大）；将其余样品待步骤2完成以后缓冲液液面与胶体表面相切时，用胶头滴管缓慢加入层析柱中，注意顺着柱壁滴加，尽可能保持胶面平整。打开恒流泵，使样品溶液进入胶体，待样品溶液完全进入胶体后，用少量洗脱缓冲液将残余在层析柱壁上端的样品洗下，并完全进入胶体后，再加洗脱缓冲液至一定高度。

4．洗脱

洗脱方式有两种：梯度洗脱和等度洗脱，实验中选择其中一种。

梯度洗脱法步骤为：加样后，用 20 mmol/L Tris-HCl（pH7.3）缓冲液进行平衡，洗脱流速为 0.8～1 mL/min，洗去未被 DEAE-Sepharose Fast Flow 凝胶吸附的杂蛋白，待层析柱流出液在核酸蛋白检测仪上绘出的基线稳定，用 20 mmol/L Tris-HCl（pH7.3）缓冲液 NaCl 梯度洗脱（浓度为 0～1 mol/L NaCl），层析柱联上梯度混合器，混合器中分别为 50 mL 0.05 mol/L Tris-HCl（pH7.3）缓冲液和 50 mL 含 1 mol/L NaCl 的 0.05 mL/L Tris-HCl（pH7.3）缓冲液。洗脱流速为 0.8～1 mL/min，每 4 mL 接一管，洗脱至缓冲溶液流完为止。跟踪测定各管的蔗糖酶活力，将蔗糖酶活力高的若干管酶液集中，测量总体积，并留样用于蔗糖酶蛋白含量测定、蔗糖酶活力测定，样品低温-20℃保存。

等度洗脱法步骤为：加样后，用 20 mmol/L Tris-HCl（pH7.3）缓冲液进行平衡，洗脱流速为 0.8～1 mL/min，洗去 DEAE-Sepharose Fast Flow 未吸附的杂蛋白，待层析柱流出液在核酸蛋白检测仪上绘出的基线稳定。用浓度为 0.15 mol/L NaCl 的 20 mmol/L Tris-HCl（pH7.3）缓冲液继续洗脱被吸附的蔗糖酶蛋白，洗脱流速为 0.8～1 mL/min，4 mL/管/5 min，直至待层析柱流出液在核酸蛋白检测仪上绘出的基线稳定。测定各接收管的蔗糖酶活力，将蔗糖酶活力高的若干管酶液集中，量出总体积，并留样用于蔗糖酶蛋白含量测定、蔗糖酶活力测定，样品低温-20℃保存。

5．蔗糖酶活力测定（参考实验二）

采用标准曲线法进行测定。首先制备标准曲线：以还原糖质量浓度（mg）为横坐标、$A_{520\ \mathrm{nm}}$值为纵坐标，制作标准曲线。按照表 3-7-1 所列步骤操作，通过计算还原糖的量来计算酵母蔗糖酶酶活力。

表 3-7-1　酶活测定结果

	空白对照	样品管
0.2 mol/L 乙酸缓冲液，pH4.5	0.5 mL	0.5 mL
5%蔗糖溶液	0.5 mL	0.5 mL
蒸馏水	1.0 mL	0.9 mL
分离纯化样品溶液	—	0.1 mL
	50℃水浴 10 min	
3，5-二硝基水杨酸试剂	1.0 mL	1.0 mL
	100℃水浴 5 min	
蒸馏水	5 mL	5 mL
$A_{520\ \mathrm{nm}}$		

五、实验说明

从上样开始收集，可能有两个活性峰，梯度洗脱开始前的第一个峰是未吸附物，本实验取用梯度洗脱开始后洗下来的活性峰。

六、思考题

1．什么是梯度洗脱？与等度洗脱比较，有哪些优势？

2．离子交换法纯化蛋白时，对所使用的离子交换剂有什么要求？

实验八　离子交换柱层析分离混合氨基酸

一、目的要求

1．学习离子交换树脂分离氨基酸的基本原理。

2．掌握离子交换柱层析的基本操作。

3．掌握氨基酸和茚三酮显色机理。

二、实验原理

离子交换层析分离混合氨基酸是基于氨基酸电荷行为不同来进行的，氨基酸是两性电解质，分子上所带的净电荷取决于氨基酸的等电点和溶液的 pH 值。其中酸性氨基酸天冬氨酸的 pI 为 2.97，碱性氨基酸赖氨酸的 pI 为 9.74，在 pH5.3 条件下，因为 pH 值低于赖氨酸的 pI 值，赖氨酸可解离成阳离子结合在 732 树脂上；天冬氨酸可解离成阴离子，不被树脂吸附而流出层析柱。在 pH12 条件下，因 pH 值高于赖氨酸的 pI 值，赖氨酸可解离成阴离子从树脂上被交换下来。这样通过改变洗脱液的 pH 值，可使它们被分别洗脱而达到分离的目的。

三、仪器与试剂

1．仪器

层析装置（20 cm×1 cm）（图 3-8-1）、铁架台、恒流泵、部分收集器、分光光度计、移液枪、恒温水浴锅、试管、玻璃棒、烧杯、试管架。

2．试剂

（1）732 型阳离子交换树脂（100～200 目）。

（2）2 mol/L 氢氧化钠溶液，1 mol/L 氢氧化钠溶液。

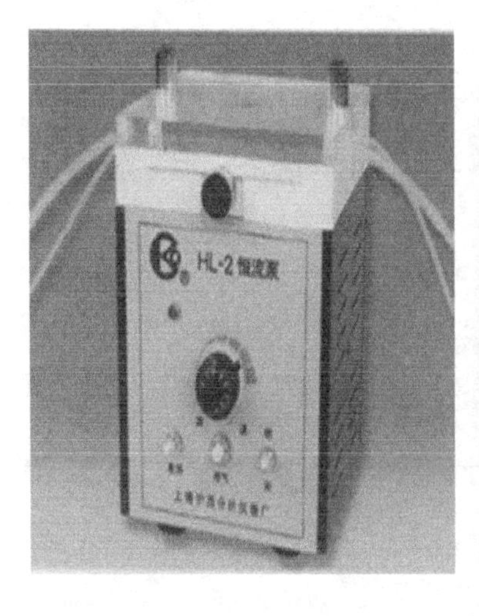

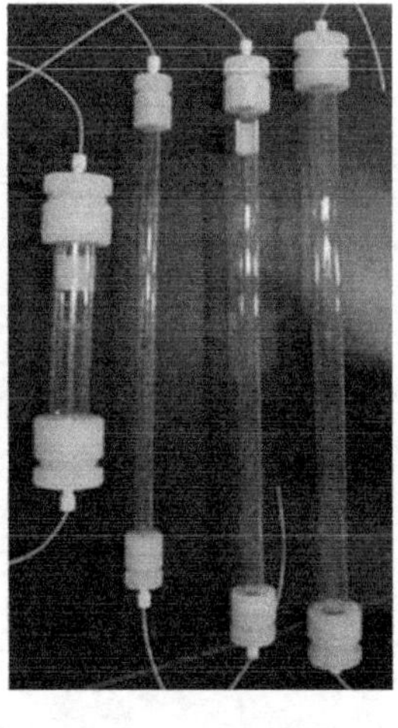

图 3-8-1　层析装置

（3）2 mol/L 盐酸溶液，0.1 mol/L 盐酸溶液。

（4）标准氨基酸溶液。天冬氨酸、赖氨酸均配制成 2 mg/mL 的 0.1 mol/L 盐酸溶液。

（5）洗脱液。柠檬酸-氢氧化钠-盐酸缓冲溶液（pH5.3）：取柠檬酸 14.25 g，氢氧化钠 9.30 g 和浓盐酸 5.25 mL 溶于少量水后，定容至 500 mL，冰箱保存。

0.01 mol/L NaOH 溶液（pH12）：取 0.4 g NaOH 固体用适量蒸馏水溶解后，定容至 1 L。

（6）显色剂。取 0.5 g 茚三酮溶于 75 mL 乙二醇单甲醚中，加水定容至 100 mL。

（7）待测样品。混合氨基酸溶液：将 2 mg/mL 天冬氨酸、赖氨酸溶液按 1∶2.5 的比例混合，混合后再以 1∶1 的比例用 0.1 mol/L 盐酸溶液稀释。

四、实验操作与步骤

1．树脂的处理

对于市售干树脂，先是经水充分溶胀后，经浮选得到颗粒大小合适的树脂，然后加 4 倍量的 2 mol/L HCl 溶液浸泡 1 h，倾去酸液，用蒸馏水洗至中性，然后用 2 mol/L NaOH 溶液处理，做法同上。以 1 mol/L NaOH 溶液浸泡树脂 1 h 转化为钠型，用蒸馏水洗至中性，最后用欲使用的柠檬酸缓冲液浸泡，过剩的树脂浸入 1 mol/L NaOH 溶液中保存，以防细菌生长。

2．装柱

取层析柱一支，垂直固定在铁架台上（实验前需进行检漏，小老师会在实验过程中进行演示），用夹子夹紧柱底出口处橡胶管，在柱内加 2～3 cm 高的柠檬酸缓冲液。将搅拌成悬浮状的树脂沿柱内壁缓慢倒入。待树脂在柱底部逐渐沉降时，慢慢打开柱底出口处铁夹，继续加入树脂悬浮液，直至树脂高度到层析柱高度的 3/4 处。

3．平衡

层析柱装好后，再缓慢沿管壁加入适量缓冲液至树脂床面以上 2～3 cm 处，接上横流泵，用柠檬酸缓冲液以 0.5 mL/min 的流速进行平衡，用 pH 试纸测量流出液 pH 值，直至流出液的 pH 值与缓冲液的 pH 值相等。

4．加样

关闭恒流泵，打开层析柱上端管口，缓慢打开柱底出口，小心放出层析柱内的液体至柱内液体的凹液面恰好与树脂上液面相齐，立即关闭下端出口（注意：不要使液面下降至树脂表面以下）。用移液枪吸取氨基酸混合样品 0.5 mL，沿靠近树脂表面的管壁缓慢加入，注意不要冲坏树脂表面。加样后打开柱底止水夹，使液体尽可能缓慢地流下至液体凹液面，恰与树脂表面相平，立即关闭止水夹。再用胶头滴管吸取 0.5 mL 缓冲液清洗柱内壁，打开止水夹放出液体，使液体下表面与树脂表面相平，按照此法清洗 2 次。然后小心加入缓冲液离柱顶部 1 cm 为止，并将层析柱与恒流泵和部分收集器相连。

5．洗脱

（1）缓冲液洗脱：用柠檬酸缓冲液（pH5.3）以 6 s/滴的流速开始洗脱，用试管收集洗脱液，每管收集 1 mL，收集 1～10 号管。

（2）0.01 mol/L NaOH 溶液（pH12）洗脱：关闭恒流泵和止水夹，将柠檬酸缓冲液更换为 0.01 mol/L 的 NaOH 溶液，打开止水夹进行洗脱，同法收集 11～40 管。

收集完毕后，关闭止水夹和恒流泵。

6．测定

分别向 60 管收集液中加入 1.5 mL 柠檬酸缓冲液，混匀后再加入 1 mL 茚三酮显色剂，混匀。沸水浴 15 min 后取出，冷却至室温，在 1 h 内用分光光度计在 570 nm 下以蒸馏水为空白管进行比色，测定各管的吸光度值。

7．树脂再生

层析柱使用几次后，需将树脂取出用 1 mol/L NaOH 溶液洗涤，再用蒸馏水洗至中性后可反复使用。

8．绘制曲线

以吸光度值为纵坐标、收集的管数为横坐标，绘制出洗脱曲线。

五、实验说明

（1）在配制柠檬酸缓冲液时，需要加入 0.1%酚溶液可防止长霉。在室温较高的夏季，配制缓冲溶液用的蒸馏水必须是新鲜蒸馏水，配前煮沸，配好后在 4℃保存。

（2）要注意装柱过程的连续性，装好的层析柱应均匀，防止产生气泡、节痕或界面，否则会对实验有较大的影响，如有气泡必须重新装柱；树脂颗粒不能出现在层析柱管口，以免漏气。

（3）平衡过程时，调节流速前要排除恒流泵与柱间连接管内所有气泡，以免影响流速，影响实验效果。调节流速时统一将流速调节为10滴/min，平衡时间一般为15 min。

（4）加样时，样品体积不要过大，样品的含量不能超过层析柱内离子交换能力，否则影响分离效果。

（5）洗脱时，在整个实验过程中要多注意层析柱，避免使柱内液体流干，否则实验即为失败，并且一定要让出液口对准试管，留心观察，有些仪器有偏差。

（6）树脂可再生使用，使用完毕一定要放在指定的容器中。

六、思考题

1．对于新树脂我们做的处理是先用 2 mol/L HCl 搅拌 0.5 h，然后用蒸馏水洗至中性，再用 2 mol/L NaOH 搅拌 0.5 h，用蒸馏水洗至中性，最后用 1 mol/L NaOH 搅拌 0.5 h，还用蒸馏水洗至中性。请分析原因。

2．所加树脂的高度为层析柱高度的 3/4，思考树脂过高或过低对实验结果有何影响？试分析原因。

3．本实验加的样品为天冬氨酸和赖氨酸，若再加一个组氨酸，试估计其峰值的位置，说明理由。

实验九　灵菌红素的分离纯化与结构鉴定

一、目的要求

1. 了解微生物发酵产物灵菌红素的理化性质及提取分离纯化工艺流程。
2. 掌握薄层层析、柱层析技术以及 UV、IR、HPLC、NMR 结构表征技术。
3. 掌握天然产物分离纯化以及定性定量分析技术。
4. 要求按照教师给定的对照实验，进行自主的创新实验设计并进行工艺评价。

二、实验原理

灵菌红素（Prodigiosin，化学名：2-methyl-3-pentyl-6-methoxyprodiginine）是一种红色物质，可由黏质沙雷氏菌（Serratia marcescens）等细菌合成的次级代谢产物。化学结构是具有三吡咯环，其中的一个吡咯环C_2上带有一个甲基，C_3上则有一个戊基。但现在它已被发现具有多种生物活性作用，能抗癌，抗微生物，抗疟疾，抗霉，免疫抑制的作用。其中抗癌方面，因为其具有癌组织的高针对性和对正常细胞表现的低毒害作用，而成为一种非常有潜力的抗癌物质（图3-9-1）。

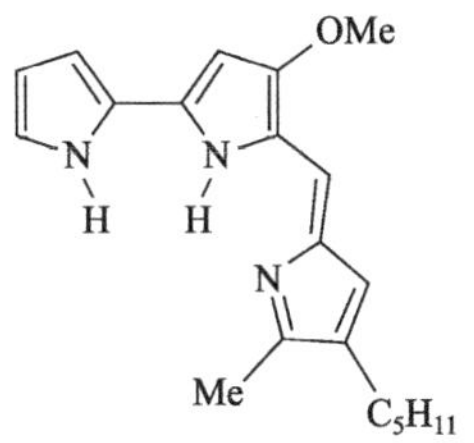

图 3-9-1　灵菌红素结构式

灵菌红素易溶于乙醇、丙酮、苯等大多数有机溶剂，不溶于水。在空气中见光易变色。需要避光保存，灵菌红素的紫外—可见光谱的主要吸收峰为535 nm。

三、仪器与试剂

1. 仪器

超声波提取器，旋转蒸发仪，恒温水浴锅，柱层析系统，UV2550紫外—可见分光光度计，安捷伦1200高效液相色谱（图3-9-2），纯水制备系统，傅里叶红外光谱仪，核磁共振波谱仪，元素分析仪等。

2. 试剂

JX01 黏性沙雷氏菌菌株（CGMCC：4074），酵母膏，蛋白胨，甘油，丙酮，甲醇，乙醇等。

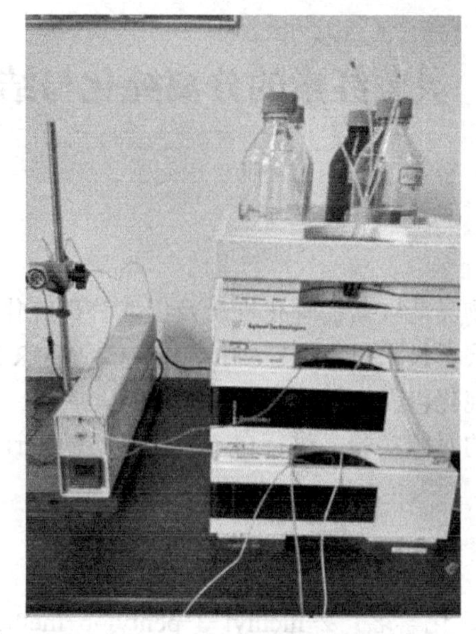

图 3-9-2　高效液相色谱

四、实验设计工艺路线图

设计工艺路线如图 3-9-3 所示。

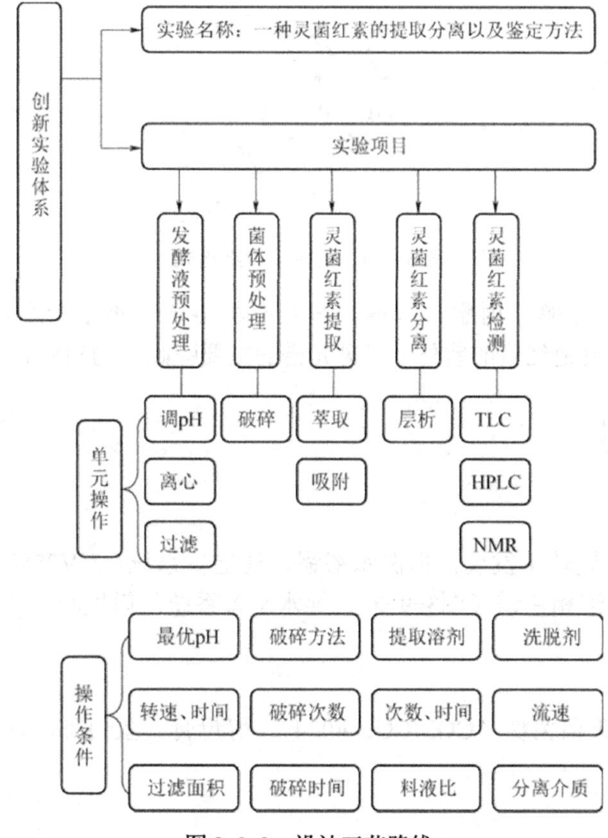

图 3-9-3　设计工艺路线

五、实验操作与步骤

1．灵菌红素的发酵

活化菌种：优化的菌种（−80℃冰箱保存），经斜面活化后接入种子培养基，37℃ 180 r/min 的摇床培养 12 h。

种子培养基（g/L）：牛肉膏：3.0，蛋白胨：10.0，NaCl：5.0，琼脂：18.0，pH：7.4～7.6。

发酵培养：250 mL 三角瓶，装液量 50 mL，按 5%的接种量接种至发酵培养基中，37℃ 180 r/min 的摇床培养 48 h。

发酵培养基（g/L）：甘油：20.0，蛋白胨：13.0，$MgSO_4$：1.2，NaCl：5.0，摇瓶装液量 20 mL/100 mL（V/V），接种量 5%（V/V），pH：6.5。

2．灵菌红素的提取

第一种方案：取发酵液 50 mL，5 000 r/min 离心 15 min，去除上清液，沉淀，加入 10 mL pH=4 的酸性丙酮，超声波辅助提取 3 次，每次 20 min，合并提取液用旋转蒸发器旋转 40℃旋转蒸干得到丙酮粗提物，用 10 mL 石油醚脱脂 3 次，去除残余石油醚得脱脂物。

第二种方案：收集发酵液（计算体积），5 000 r/min 下离心 15 min，收集菌体，加入氯仿 15 mL 碾磨，后加水 20 mL，混合离心，吸取氯仿层，随后用旋转蒸发器 40℃旋转蒸干得到氯仿提取物。

3．灵菌红素的分离纯化

上述脱脂物用5 mL氯仿溶解，离心去除不溶物，上清液上硅胶柱，进行硅胶柱层析（1∶30的质量比），以氯仿∶乙酸乙酯=9∶1为洗脱剂，流速1 mL/min，TLC检测，收集灵菌红素组分（每管5 mL），合并浓缩，烘干得层析纯灵菌红素。以实验室自制的灵菌红素产品（≥98% HPLC纯）为标准，按照标准曲线的方法测定不同操作步骤中灵菌红素的纯度和回收率。另外，层析纯灵菌红素使用石油醚进行重结晶，离心，得灵菌红素纯品。进行HPLC测定、熔点测定、NMR测定来初步鉴定其纯度。

4．计算

计算整个提取分离过程中灵菌红素的提取率和纯度变化情况。

六、实验说明

本实验属于创新性实验，可以形成创新小组，以实验操作与步骤的内容为参照组，自主设计不同的提取分离因素，考察不同的因素水平，评价自主设计实验与参照组实验的优缺点。

七、思考题

1．如何鉴定一个化合物的纯度？

2．未知化合物如何确定其结构？简要说明鉴定过程。

实验十　Ni-NTA 金属螯合法纯化重组 β-葡萄糖苷酶

一、目的要求

1．了解含 His-tag 的重组蛋白的特性。
2．学习 Ni^{2+}等过渡金属离子分离含 His-tag 的重组蛋白的原理。
3．熟练掌握 Ni-NTA 金属螯合法含 His-tag 的纯化重组 β-葡萄糖苷酶的制备操作方法。
4．学习蛋白产品纯度的检验方法。

二、实验原理

蛋白表面的某些氨基酸残基如组氨酸的咪唑基团、半胱氨酸的巯基、色氨酸的吲哚基团（后两种与金属离子的作用要小得多）可以与多种过渡金属离子如 Cu^{2+}、Zn^{2+}、Ni^{2+}、Co^{2+}和 Fe^{3+}形成配位相互作用。因而，利用一些过渡金属离子能够吸附富含这类氨基酸的蛋白，可以通过改变盐的浓度等降低金属离子与蛋白的亲和力将其洗脱，从而达到分离纯化蛋白的目的。

利用镍离子（Ni^{2+}）亲和柱分离纯化含组氨酸标签（His-tag）的重组蛋白是蛋白分离的经典方法之一。蛋白过镍柱纯化的原理：在目标蛋白的N端或C端加入6个连续的组氨酸残基，形成含有6个His-tag的区段。利用每个组氨基酸含有一个咪唑基团，这个化学结构带有很多额外电子，对于带正电的化学物质有静电引力，亲和配体（填料）上的Ni^{2+}带正电对组氨酸有亲和作用。在含His-tag的蛋白上样后，带有His-tag的蛋白特异性结合到柱子里，其他的杂蛋白流出，然后再用高浓度的咪唑梯度洗脱，咪唑竞争性结合到镍上，目标蛋白就被洗脱，收集洗脱液获得目标蛋白。

高亲和 Ni-NTA 纯化介质是把螯合剂 NTA 共价偶联到琼脂糖介质（4%交联）上，然后再螯合 Ni^{2+}制备而成。NTA 能够通过 4 个位点牢固地螯合 Ni^{2+}，从而减少纯化过程中 Ni^{2+}泄漏到蛋白样品中。Ni-NTA 纯化介质可以纯化任何表达系统（原核，酵母，昆虫细胞和哺乳动物细胞等表达系统）表达的天然或变性的 His-tag 蛋白。结合在介质上的蛋白可以通过低 pH 缓冲液、咪唑溶液甚至组氨酸溶液洗脱下来。该实验所分离的蛋白是 β-葡萄糖苷酶 C 端引入 His-tag，因此，利用 Ni-NTA 纯化柱就能够选择性地纯化重组 β-葡萄糖苷酶。

三、仪器与试剂

1．试剂

酵母提取物、胰蛋白胨、NaCl、异丙基-β-D-硫代半乳糖苷（IPTG）、盐酸胍（GuHCl）、卡那霉素、NaH_2PO_4、Tris、KCl、$Na_2HPO_4·12H_2O$、KH_2PO_4、尿素（Urea）、溶菌酶、Ni-IDA 树脂、Triton X-100、β-巯基乙醇、咪唑、HCl、乙醇。

2．仪器

培养箱、恒温摇床、超净工作台、超声破碎仪、高速离心机、三角瓶、聚苯乙烯层析柱、AKTA蛋白纯化系统（图3-10-1）、离心管、培养皿、烧杯、玻璃棒、封口膜。

图 3-10 -1　AKTA 蛋白纯化系统

四、实验操作与步骤

1．溶液配制

（1）Buffer A: 100 mmol/L NaH_2PO_4，10 mmol/L Tris，6 mol GuHCl（pH 8.0）。

（2）Buffer B: 100 mmol/L NaH_2PO_4，10 mmol/L Tris，8 mol Urea（pH 6.3）。

（3）Buffer C: 100 mmol/L NaH_2PO_4，10 mmol/L Tris，8 mol Urea（pH 4.5）。

（4）PBS 缓冲液: 称取 NaCl 8 g，KCl 0.2 g，$Na_2HPO_4 \cdot 12H_2O$ 3.63 g，KH_2PO_4 0.24 g，溶于 900 mL 双蒸水中，用盐酸调 pH 值至 7.4，加水定容至 1L，常温保存备用。

2．细胞培养及 β-葡萄糖苷酶的诱导表达

（1）将含有 β-葡萄糖苷酶基因的 BL21 菌液接种到 4 mL 含 100 μg /mL 卡那霉素的 LB 液体培养基中，37℃，200 r/min 振摇培养过夜。

（2）取100 μL培养过夜的菌液接种到5 mL含100 μg /mL卡那霉素的 LB液体培养液中，37℃，200 r/min振摇培养至OD_{600}至0.6～0.8 h，加入1 mol的IPTG，使IPTG终浓度分别为使IPTG终浓度分别为1 mmol/L，置37℃摇床继续培养4 h，置4℃保存备用。

3．β-葡萄糖苷酶纯化

（1）收集 3 mL 菌液，10 000×*g*，4℃，离心 5 min；1×PBS 漂洗后离心收集沉淀。

（2）加入 1×PBS，pH8.0（含有 2%Triton X-100），振荡混匀后加入溶菌酶，在 4℃反应 30 min。

（3）菌体用超声破碎仪作用 10 min，随后在 10 000×*g*，离心 10 min，收集包涵体沉淀。

（4）加入 200 μL Buffer A，0.5 μL β-巯基乙醇和 4 μL 咪唑（终浓度为 20 mmol/L）。轻微混匀后，在室温放置 1 h，使包涵体充分溶解。

（5）12 000×g，离心 10 min，上清置于新的离心管中备用。

（6）取 50 μL 混合 50%乙醇的 Ni-NTA，轻微离心后，吸去上清，Ni-NTA 用等量的 Buffer B 洗涤两次。

（7）把包涵体破碎后的上清，加入到 Ni-NTA 中，室温轻微混匀 30 min。

（8）12 000×g，离心 10 s 沉淀 Ni-NTA，去上清。

（9）在 Ni-NTA 中加入 250 μL Buffer B，和 5 μL 咪唑（终浓度为 20 mmol/L），轻微混匀后，12 000×g，离心 10 s，去上清。重复一次。

（10）加入 25 μL Buffer C，和 5 μL 咪唑（终浓度为 160 mmol/L），12 000×g，离心 10 s，上清为含重组蛋白的洗脱液，重复三次。

（11）SDS-PAGE 分析鉴定表达产物的分离纯化情况。

4．实验结果与分析

（1）拍照，记录实验结果。

（2）根据 Marker 蛋白条带分析目标蛋白大小，并分析是否形成二聚体或包涵体。

五、实验说明

（1）工程菌的构建与诱导表达时间要严格控制，通常在 OD=0.6 左右进行诱导表达。

（2）蛋白的纯化尽量在 16℃以下的环境温度操作。

（3）注意 Ni-NTA 的再生条件。

六、思考题

1．为何要用 ITPG 诱导蛋白得以表达？

2．实验中使用的几种缓冲液起什么作用？

3．实验中有时候流速很慢，分析其可能的原因。

4．目标蛋白不能与 Ni-NTA 树脂结合，试分析其原因。

5．目标蛋白洗脱失败或洗脱液中含有杂蛋白，试分析其原因。

附　　录

一、722 型分光光度计操作规程

（1）将灵敏度旋钮调置“1”挡（放大倍率最小）。

（2）开启电源，指标灯亮，选择开关置于“T”。

（3）打开试样室盖（光门自动关闭），调节“0%T”旋钮，使数字显示为“000.0”。

（4）将装有溶液的比色皿放置于比色架中。

（5）旋动仪器波长手轮，把测试所需的波长调节至刻度线处。

（6）盖上样品室盖，将参比溶液比色皿置于光路，调节透过率“100”旋钮，使数字显示为 100%T（如果显示不到 100%T，则可适当增加灵敏度的挡数。同时应重复“3”，调整仪器的“000.0”）。

（7）将被测溶液置于光路中，数字表上直接读出被测溶液的透过率值。

（8）吸光度的测量。参照“3”“6”调整仪器的“000.0”和“100.0”将选择开关置于 A 旋动吸光度调零旋钮，使得数字显示为 0.000，然后移入被测溶液，显示值即为试样的吸光度值。

（9）浓度的测量。选择开关由 A 旋至 C，将已标定浓度的溶液移入光路，调节浓度旋钮，使得数字显示为标定值，将被测溶液移入光路，即可读出相应的浓度值。

二、753 型（53W）紫外—可见分光光度计操作规程

（1）向右推开试样室盖，开显示箱电源开关，波段选择开关置于“T”，调节“0%T”旋钮，使显示器为“0.000”（53WB型如显示P1，即“T”未调0 ）。

（2）光源电气箱电源开关向上，指示灯亮，钨灯开关向上，指示灯亮，溴钨灯亮。氘灯开关向上，指示灯亮，点燃开关向下 2～3 s 后迅速拨向上，指示灯亮，氘灯点燃。

（3）用波长手轮选择波长，到位时的手轮旋转方向要固定，使用波长在 200～350 nm 范围内，将光源转换手柄置于“氘灯”处，在 350～800 nm 范围内，将手柄置于“钨灯”处。

（4）检查“T—A”转换的精度：将波段选择开关置于“T”，池架第一孔置于光路，调节“100→0”旋钮，使显示为“1.000”；53WB 型如显示 P2 即参比未调至 100%。开关置于“A”应显示“0.000”，若有偏差用小改锥调节侧面“0A”。同理将“T”调到“0.100”，“A”应显示为“1.000”，若有偏差调节“1A”。再检查 T＝0.500 时，应有 A＝0.301。

（5）狭缝尽可能选用 2 nm，或者用 4 nm。

（6）向右推开试样室盖，放入待测的参比杯和样品杯，参比杯必须放在池架的第一孔内。再将盖向左推回用拉杆将参比液推入光路，波段选择开关置于“A”，调节“100→0”旋钮。使显示值为“0.000”用拉杆将样品液推入光路，显示值即为被测样品的吸光度。

三、UV2550分光光度计的操作规程

1．准备工作

（1）打开总电源，稳定后，开主机电源，指示灯亮，同时打开计算机。

（2）双击桌面上的 UVProbe 图标进入操作系统，在 UVProbe 界面上点击“Connect”连接键，联机并初始化。

（3）基线校正，点击光度计键条中的“基线”来进行基线的初始化操作，在校正前要确定样品池中没有任何样品，然后当基线参数对话框弹出时，在开始波长和结束波长中分别输入波长值。点击“确定”进行基线校正。

2．光度测定模块

光度测定模块主要用于测定样品中某物质的浓度。

（1）建立标准曲线，首先准备几种性质相同浓度不同的标准样品，选择“窗口”→“光度测定”，打开“光度测定模块”。工具栏上的方法图标建立数据采集方法。启动光度测定方法向导。

（2）填测定所需波长，如需要多点扫描时在类型中选“多点”，在 WL1 和 WL2 中填写波长，然后填写单位、公式，点击“确定”。

（3）测定标准品的浓度。

填充标准表：点击标准表的任何位置激活标准表，在表中填入样品 ID 和浓度。

在菜单栏中点击“去空白”，这时系统将默认标准表中的第 1 个为空白样品，把空白放置到样品室中，点击“读取”键，然后依次放置标准样品，点击“读取”键。

（4）查看和保存标准曲线：选择“示图”→“标准曲线”，会出现根据标准表测定绘制的标准曲线，选择“文件”→“另存为”，检查保存对话框内的保存路径。在文件名输入标准曲线名称，点击“保存”。

3．未知样品的测量

（1）激活样品表（在表的任何部位点击），此时会在标题上显示“激活”，在样品表中输入样品的 ID。

（2）将未知样品放入分光光度计的样品室中，点击“读取”键。

（3）按照样品号重复上述的操作。

注意：计算浓度时，样品吸收值要减去样品空白。当样品测量时，样品空白可以重新测量。对于随后的样品测量这个空白值是有效的。

（4）存储结果：点击“文件”→“另存为”。

4．光谱测量

（1）选择“窗口”→“光谱”，打开光谱模块。

（2）点击光度计键条中的“基线”来进行基线的初始化操作，在基线参数对话框中输入起始和结束波长，点击“确定”键进行基线校正。

（3）建立数据采集方法：选择“编辑”→“方法”，或者点击方法图标，显示方法对话框。设置扫描波长的范围，扫描速度（注：一般为中速），采样间隔（注:一般为1.0），点击仪器参数，在测定方式目录中选择“吸收”，点击“确定”。

（4）样品测量：将样品放入样品室，关上盖。点击“开始”，开始测量样品，显示测量

过程，当测量完成后，自动进入光谱分析程序，显示光谱图。

（5）存档光谱：点击“文件”下的“另存为”，输入文件名。点击“确定”，存档光谱图。

5．维护与保养

（1）打开电源，检查指示灯是否亮，样品室密封情况，有无漏光现象。仪器启动后，有无异常的杂音。

（2）仪器稳定后，点击紫外分析软件，检查仪器连接是否正常。

（3）测量多个样品时，尽量集中一起做，以便延长紫外灯的使用寿命。

（4）比色皿放入样品池前，应擦拭干净，防止溶液腐蚀仪器。样品池应保持干燥，经常更换干燥剂。

（5）控制样品的浓度使得样品的吸光度值控制在 0.2～0.7 的范围内。

四、安捷伦 1200 高效液相操作规程

1．开机

（1）将电源插头分别插入插座后，依次打开脱气机、泵、柱温箱、自动进样器、检测器（从上到下）的电源开关。开始自检后双击打开仪器 1 联机图标，进入化学工作站。

（2）旋开泵上的排气阀，将工作站中溶剂 A 设到 100%，泵流量设到 5 mL/min，在工作站中打开泵，排出管线中的气体几分钟（不低于 5 min）。切换到 B 溶剂排气。

（3）将工作站中的泵流量设到 1 mL/min，多元泵则再设定溶剂配比，如 A=10%，B=90%。

（4）关闭排气阀，检查柱前压力。

（5）配制 90%水+10%异丙醇，每 20 min 冲洗 0.5 min 进行 seal-wash，每三天更换一次溶剂。

（6）用 90%有机溶剂冲洗柱子和系统 0.5 h，再用 90%水冲 0.5～1 h，待换成流动相且柱前压力基本稳定后，打开检测器，观察基线情况。

2．方法编辑

（1）进样器设置。单击“进样器”图标，选择“设置进样器”，设置“进样量”。

（2）二元泵设置。单击二元泵图标，选择设置泵，设置流速、溶剂比例、泵停止时间（即采集时间），也可插入一行时间列表，编辑梯度；选择控制，设置定期清洗泵。

单击溶剂瓶图标，选择溶剂瓶填充量，设置溶剂瓶中溶液体积。

（3）柱温箱设置。单击“柱温箱”图标，选择“设置柱温箱”，设置柱温。

（4）VWD 检测器设置。单击“检测器”图标，选择“设置 DAD 信号”，设置检测波长。系统更换为流动相后，单击图标，选择“控制”，打开紫外灯。

（5）方法保存。在联机页面右下角 LC 参数窗口检查各参数设置正确后，在方法菜单下拉选项下单击方法“另存为”，设置方法名和保存路径。保存路径为：D\Agilent Methods\项目名称。

3．数据采集

（1）单次运行。

① 由主菜单上的运行控制进入样品信息，设定操作者姓名、数据文件路径、文件名、样品瓶位置等。

数据文件路径：D\Agilent Data\项目名称；子目录：试验内容（数据文件路径在视图——首选项下添加）。

② 单击窗口左上角单次运行图标，点击“开始”进行样品数据采集。

③ 若未设置泵停止时间，点击“结束”按钮，手动结束采集。

（2）序列运行。

① 由主菜单上的序列进入序列参数，设定设定操作者姓名、数据文件路径等数据文件路径：D\Agilent Data\项目名称；子目录：试验内容（数据文件路径在视图——首选项下添加）。

② 由主菜单上的序列进入序列表，设定样品瓶位置、样品名、方法名称、进样次数等，设置好之后点击“确定”。

③ 由主菜单上的序列进入序列模板另存为，保存路径：D\Agilent Sequence\项目名称。

④ 单击窗口左上角序列运行图标，点击“开始”进行样品数据采集。

⑤ 手动停止序列，点击“结束”按钮。

⑥ 继续停止的序列，由主菜单上的序列进入部分序列，选择序列，点击确定，勾取序列表中未进样的样品瓶，点击运行序列。

4．数据处理

（1）双击“仪器 1 脱机”，打开“脱机工作站”。

（2）由主菜单上的文件进入“设置打印机”，指定打印机选择 PDF 格式，点击“确定”退出（每次打开脱机工作站都需要重新设置）。

（3）由主菜单上的文件进入调用信号，调出要分析的数据文件色谱图。

（4）由主菜单上的方法进入，方法“另存为”，命名加后缀 T，保存在谱图数据文件夹中。

（5）由主菜单上的图形进入信号选项，调整谱图坐标：

① 点“自定义量程”，在时间范围中输入横坐标（时间范围）。

② 在响应范围中输入纵坐标（响应值）。

③ 在量程框中，调到全部使用相同量程。

④ 点击“确定”退出。

（6）由主菜单上的积分进入积分事件，通过设置、修改斜率灵敏度、峰宽、最小峰面积、最小峰高等，优化谱图。点击左上方绿色带钩的图标，确认。

（7）退出积分事件后，谱图右上方有一排图标，如有需要可通过手动方式重新绘制基线积分或者删除峰等进行优化，修改后将当前显示的图谱的事件保存至相应的数据文件中。

（8）由主菜单上的报告进入设定报告，设置报告参数：

① 在定量结果栏中，选择“计算面积百分比”（另外有外标法、内标法等）。

② 在报告类型栏中，根据需要选择简短报告或者性能报告（理论板数、分离度）。

③ 点击“确定”退出。

（9）各项参数都设置好后，再次保存方法。

（10）点击谱图上方打印图标，在跳出的对话框中保存谱图的打印文件，保存路径为

D\Agilent Data\项目名称\试验内容。

5．关机

（1）关机前，用 90%水冲洗柱子和系统 0.5～1 h，流量 0.5～1 mL/min，再用 90%有机溶剂冲 0.5 h，然后关泵。

（2）退出化学工作站，及其他窗口，关闭计算机。

（3）关掉 Agilent 1200 电源开关（由下往上）。

6．注意事项

（1）氘灯是易耗品，应最后开灯，不分析样品即关灯。

（2）流动相使用前必须过滤，不要使用超过 2 日存放的蒸馏水（易长菌）。

五、AKTA 蛋白纯化系统操作规程

1．组成

（1）Pump-900 为双通道高效梯度泵系列。在 AKTA explorer 100，流速范围 0.01～100 mL/min，压力高达 10 MPa（泵名为 P-901）。在 AKTA explorer10，流速范围 0.001～10 mL/min，压力高达 25 MPa（泵名为 P-903）。

（2）Monitor UV-900，同时监控 190～700 nm 范围内高达 3 个波长的多波长紫外—可见（UV-Vis）监测器（针对部分 AKTA PURIFIER 机型，尚有 UPC-900 监测器可供选择，光源为汞灯光源，一次可以监控一个波长，安装滤光片后，可以在选择的波长范围内进行切换）。

（3）Monitor pH/C-900，在线电导和 pH 监测的组合监测器。

2．一般操作

（1）开机。按位于底部平台前左侧的“ON/OFF”按钮，打开色谱系统，然后打开电脑电源。待仪器自检完毕（CU950 上面的 3 个指示灯完全点亮并不闪烁）。双击桌面上“UNICORN”图标，进入操作界面。

（2）准备工作溶液和样品。所有的工作溶液和样品必须经过 0.45μm 的滤膜过滤，样品也可高速离心后取上清备用。当缓冲液中含有有机溶剂（如乙腈、甲醇），需在使用前用低频超声脱气 10 min。

（3）清洗及管道准备。首先将 A 泵的进液管道（A1）放入缓冲液或平衡液中，将 B 泵的进液管道（B1）放入高盐溶液中，在 system control 窗口点击工具栏内的“manual”，选择“pump→pump wash explorer”，选中 A1，B1 管道为 ON，execute。泵清洗将自动结束。

（4）安装层析柱。在 manual 里选择“pump→flow rate”，输入一定的低流速，insert；选择“Alarm & mon→alarm pressure”，设置 high alarm（输入填料或层析柱的耐受压力，以较低者为设置值，具体可在填料说明书或层析柱说明书中查到），insert，execute。待 Injection Valve 的 1 号位管道流出水后接入柱子的柱头，稍微拧紧后将柱下端的堵头卸掉接入管道连上紫外流动池。

（5）开始纯化。

① 在柱子平衡好之后（电导、pH 的数值和变化趋势稳定）即开始上样了。此时应将紫外调零，选择“Alarm & mon→autozero，exectue”。

② 具体上样方式：AKTA 系统的上样方式比较灵活，可以根据具体样品的条件进行上

样，包括用样品环上样、用系统泵上样、用样品泵上样等，这里以用系统泵上样为例简单介绍上样过程。点击“pause”，将 A1 放入样品中，点击“continue”，待样品上完后，再将 A1 放入到平衡液中继续清洗柱子。

③ 洗脱：上样后用缓冲液尽量将穿透峰洗回基线。在manual里选择“pump→gradient”，按照自己的工艺选择targetB（100%）和length（10CV）。

④ 设定收集：选择“Frac→fractionation_900”，输入每管收集体积，exectue。结束固定体积收集选择“Frac→fractionation_stop_900，exectue”。

⑤ 清洗泵及卸下层析柱：将 A1 和 B1 入口放入纯水中，启动 pump wash purifier 功能冲洗 A 泵和 B 泵及整个管路。然后再将 A1 和 B1 入口放入 20%乙醇中，同样操作将乙醇冲满整个管路保存。再给柱子一个慢流速，设置系统保护压力，然后先拆柱子的下端，正在滴水的时候将堵头拧上，再拆柱子的上端，最后拧上上端的堵头。整个过程中应防止气泡进入。

⑥ 关闭电源：从软件控制系统的第一个窗口 unicorn manager 点击“退出”，其他窗口不能单独关闭。然后关闭 AKTA 主机电源，关闭电脑电源。

3．程序设定

在 method editor 窗口点击工具栏内的 method wizard，弹出窗口界面，可以分别在 main selection、column 以及 column position 三个下拉菜单中选择所要用到的层析方法、所用到的层析柱的参数以及所安装的层析柱在柱位选择阀的位置，选好之后，点击 next 按钮进入下一步波长和溶液进口的设定，在此可以设定检测的波长，针对 AKTA EXPLORER 可以一次选择三个波长共同进行监控，并在此设定 A 泵和 B 泵的溶液进口，设定好之后，点击 next，可以在此窗口下设定对层析柱进行平衡的条件。完成之后，点击“next”，在此窗口可以设定上样的条件，可选择的条件包括上样的方式，如上样环上样以及样品泵上样，对上样的体积也要进行设定。如果利用系统泵上样，在此无法进行设置，不过可以利用 A 泵和 B 泵的两个进口在后面的步骤中进行设置。在上步设置完成之后，点击“next”，此窗口是针对流穿组分收集所进行一些设置，针对安装的不同的收集器，具体内容可能有些差异，这里显示的界面是在安装了 Frac-950 收集器之后所出现的界面，设置完成点击“next”，设置目标组分收集的一些参数，点击“next”，针对具体的洗脱条件进行设置。当全部设置完成之后，点击“finish”，之后点击“保存”按钮，完成程序存盘操作。至此完成洗脱程序的设定工作，在应用自动洗脱程序时，可在 SYSTEM CONTROL 窗口点击文件菜单栏中的“FILE→Run”，在弹出的对话框中选择目标洗脱程序所在的位置并执行，之后会依次弹出一些对话框，主要是再次确认程序的设置条件，并选择洗脱结果文件的保存位置，全部设置完之后，洗脱将自动进行，结果将自动的保存在设定的文件夹中。

4．结果的浏览与简单处理

（1）在纯化完成后，Unicorn 软件会自动地按照预先的设置保存结果文件，如果没有指定，那么结果文件会保存于一个文件名以 manual N 开头的文件中，N 为系统依次生成的一个 1～10 之间的数字。

（2）对于结果的浏览应在 evaluation 窗口中进行，打开文件及对文件进行普通编辑的菜单。打开后，在结果浏览窗口点击鼠标右键，选择“properties”，可以弹出操作菜单，可以分别对结果进行编辑，如改变曲线的颜色、设定横轴或纵轴的显示区间、进行文本文件的编辑等。

5．AKTA 蛋白纯化系统的日常维护

（1）每天，当实验完成系统使用结束后，应尽可能避免保存于缓冲液中过夜，尤以高盐浓度洗脱缓冲液为甚！假如，不能避免，则紧记次日尽早用 System Wash Method 完成以蒸馏水将系统彻底清洗，再予以保存或再更新使用其他缓冲液，再次投入使用进行实验操作。用蒸馏水将余下的缓冲液彻底冲洗出系统，这步骤至关重要。此举不但可以避免缓冲液对系统造成腐蚀机会，甚或因使用高盐浓度缓冲液保存过久造成盐结晶等的堵塞，对系统构成不必要的损害和损耗。

（2）每周更换润洗缓冲液（20%乙醇）。若发现储液瓶液体增多，就说明泵内部有漏液，需要更换泵密封圈。若发现液体减少，需要检查润洗管接头，如果没有漏液，则泵膜或密封圈需要更换。

（3）一定要保持实验环境的清洁，以免灰尘造或泄漏的液体等造成仪器光学及电子元件的损坏。

（4）在长时间不应用系统进行试验的时候，应将系统管路充满 20%的乙醇，并关闭紫外检测器，清洗 pH 探头，并保存于适当的缓冲液中。

六、细胞破碎仪 Scientz-IID 操作规程

1．开机准备

打开电源开关（机箱后面板左下角），此时屏幕显示“新芝商标”。按（ ）键，到换能器选择界面（如果不按（ ）键，屏幕将停留在启动界面）。从启动界面进入换能器选择界面，首先必须选择变幅杆的型号，即“ ϕX”中的X会不停地跳动，请选择与安装上去相应的变幅杆型号（变幅杆型号有 ϕ2、ϕ3、ϕ6、ϕ8、ϕ10、ϕ15规格）通过键盘上的数字键来选择变幅杆的规格。选择完后按SET或ENTER确定即进入工作界面。

2．参数设置

按设定键“SET”进入参数设置，通过（▲）或（▼）来选择不同的设置项，某项设置数值的末位不停地跳动，表示已进入该项的设置状态。超声开时间设定：通过（▲）或（▼）来选择超声开时间设置项（“超声开0.1 s”的首位跳动），同样只需键入需要的数字即可；超声关时间设定：通过（▲）或（▼）来选择超声关时间设置项（“超声关1.0 s”的首位跳动），同样只需键入需要的数字即可；槽温度设定：通过（▲）或（▼）来选择槽温度设置项（设置界面里温度计上方的“30℃”的首位跳动），同样只需键入需要的数字即可；超声波输出功率设定：通过（▲）或（▼）来选择超声波输出功率设置项（设置界面里功率输出条下方的“10%”的首位跳动），同样只需键入需要的数字即可；设置参数存储、保存：在工作界面下，按（ ），进入预设参数调用，选择相应的模式数（即存储单元）按（SET）实施调用。调用某一存储单元，对其设置参数进行改动后，系统将自动存入。

3．超声工作中的设置

超声工作中的功率调节：在超声工作中用户只需要按（▲）或（▼）即可调节超声波的输出功率（按（▲）是增加功率，按（▼）是减少功率，本功能与功率微调），在调节时仪器的输出功率是不停止的，在用户调节到需要的值后即可超声输出。超声停止输出：用户只需按（ ），即可停止超声输出。

4．超温保护后的恢复设置

在非超声工作状态中，如出现超温保护现象，用户只需要按 SET 或 ENTER 键，重新设置槽温度即可。在超声工作状态中，出现用户超温保护现象必须先按（ ），然后再按 SET 或 ENTER 键来修改槽温度即可。

5．过流保护后的恢复设置（过流保护说明用户的输出功率设置大于仪器内部的保护设置值）

当出现过流保护现象，用户只要按“PR”键即可恢复（恢复后需降低超声的输出功率，否则会持续出现过流保护现象）。

6．注意事项

（1）温度保护设置点必须比室温或样品温度高 5℃以上。当发生超温保护时，机子停止工作。

（2）严禁在变幅杆未插入液体内（空载）时开机，否则会损坏换能器或超声波发生器。

（3）对各种细胞破碎量的多少、时间长短、功率大小，有待用户根据各种不同细胞再摸索确定，选取最佳值。

（4）用一定时间后变幅杆末端会被空化腐蚀而发毛，可用油石或锉刀锉平，否则会影响工作效果。

（5）本机不需预热，使用应有良好的接地。

（6）在超声破碎时，由于超声波在液体中起空化效应，使液体温度会很快升高，用户对各种细胞的温度要多加注意。建议采用短时间（每次不超过 5 s）的多次破碎，同时可外加冰浴冷却。

（7）本机采用无工频变压器的开关电源，在打开发生器机壳后切勿乱摸，以防触电。本仪器性能可靠，一般不易损坏。

（8）本机应安放在干燥、无阳光直射、无腐蚀性气体的地方工作。

（9）在工作过程中，更换变幅杆必须先关电源，重新开机后请重新选择换能器规格，否则有可能造成变幅杆损坏。

七、恒流泵操作规程

仪器的面板上有四只开关：电源、快慢、加速、逆顺和一个流量选择旋钮。具体操作如下：

（1）接通电源，指示灯亮，调节流量选择旋钮，使用快慢开关，观察仪器运转是否正常。

（2）流量由快慢开关（即×10、×1 挡）和调速旋钮来控制，流量可在 2～600 mL/h 范围内连续可调。

（3）使用逆顺开关，可以改变流量方向，使加液改变为抽液、加压改变为抽压。

（4）调距板（即泵头后面的滑动板）的调节螺丝用于调节液体压力，调节时须注意不要拧得太紧，一般只要拧到有液体流动即可。

（5）加速（按钮）开关的作用主要用于在慢速时不改变原来流量而快速输送液体时使用。

（6）根据需要可在橡胶管两端再接上其他管子，将液体输送到需要的地方去。本机备有

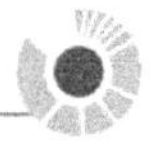

两种规格的管子，可根据流量需要选用。

（7）此机与自动部分收集器联用时，其电源受到自动部分收集器控制，此机单独使用时，将四芯插头改成二路电源插头即可。

八、核酸蛋白检测仪操作规程

1．开机及准备

在仪器使用前，首先连接好所需配套仪器：层析柱、恒流泵、自动部分收集器、记录仪（色谱工作站）。将各类插头与插座连接（220V电源）。按下检测仪ON电源开关，电源指示灯亮，说明整台仪器电源开始工作，然后观察光源指示灯，如果亮了，表示光源已开始工作，整台仪器可进入工作状态，将检测仪波长旋钮旋到所需波长刻度上，把量程旋钮拨到100%T挡（仪器预热20 min，待基线平直后可加样测试）。接通记录仪电源开关，使电源开关拨到“通”指示灯亮。可根据记录仪说明书调换不同的纸速度，用户根据需要自行掌握，测量用10 mV挡。此时记录仪指针从零点开始向右移动某一刻度，调节检测仪“光量”旋钮，使指针停留在记录仪大约中间位置5 mV，数字显示为50左右。把检测仪进样口聚乙烯塑料管接到恒流泵上，使凝胶层析柱中缓冲液流过检测仪（恒流泵流量视凝胶层析柱大小选1～3 mL/min）。用“调零”调整吸光度值为0（量程开关拨到100%T调节光量旋钮，使记录仪指针在10 mV，数字显示为100，即透光率为100%。把量程开关拨到“0.05A”挡，缓慢调节A调零旋钮，使记录仪指示在“0”位，检测仪显示为“0”）。

2．上样与洗脱

以上步骤结束，析系统平衡后即可用洗脱液开始洗脱样品，洗脱前再调一次吸光度0点。洗脱过程结束前不可再调节“调零”旋钮。当洗脱液流过检测仪时，吸光度显示大于零的数值，吸光度数值大小随样品的浓度而变化。洗脱完毕后吸光度显示为稍大于零的数值。数字显示吸光度和记录仪自动绘制吸光度图谱是两个互相独立的检测系统，数字显示吸光度与记录仪所绘峰值大小没有直接关系，不可互相换算。

3．结束

测样完毕后，必须切断电源，并用蒸馏水清洗样品池和聚乙烯塑料管。

4．注意事项

记录仪光吸收 A 读数：当采用 10 mV 量程记录仪时，记录仪的满量程读数对应于 A 量程开关所对应的 A 读数范围。如 A 量程开关选定在 0～0.5 A 时，则记录仪满量程光吸收 A 读数为 0.5，当记录笔指示在记录纸一半（50%刻度）位置时即为 0.25A。

数字显示光吸收A读数（可变量程读数模式）：当A量程开关选定在0～1.0A挡时，此时数显板上显示和读数即为光吸收A的实际读数，如显示为080即表示为0.80A。当A量程开关切换在其他量程位置时，则数显光吸收A读数为：① A量程选定在0～2.0挡时，数显读数×2=实际光吸收读数A；② A量程选定在0～1.0挡时，数显读数×1=实际光吸收读数A（即直接读数）；③ A量程选定在0～0.5挡时，数显读数×1/2=实际光吸收读数A；④ A量程选定在0～0.2挡时，数显读数×1/5=实际光吸收读数A；⑤ A量程选定在0～0.1挡时，数显读数×1/10=实际光吸收读数A；⑥ A量程选定在0～0.05挡时，数显读数×1/20=实际光吸收读数A；⑦ A量程选定在0～0.02挡时，数显读数×1/50=实际光吸收读数A。

当显示模式开关选定固定量程读数时，数字显示板上的读数为实际光吸收 A 读数，该读数将不随A量程开关的切换而改变（此时切换A量程开关，只改变记录仪输出的灵敏度，而不影响读数和积分仪信号输出，该功能指HD-21C-B型）。

九、自动部分收集器操作规程

（1）打开电源，按“手动”开关，使收集盘顺时针转至报警，将“顺—逆”开关拨至逆转，即为第1管位置。将换管臂上穿过安全阀的细塑料管出口对准最外面的第1管管口，拧紧固定螺丝，准备收集溶液。若要第二次收集时，必须按“手动”按钮将收集盘转回至第1管位置，决不允许再拨动换管臂。

（2）同时按下“定时”和“停”（或“置位”）按钮，将原设定的换管时间消为0。按住“定时”按钮，再按“慢”或“快”按钮，设置所需的换管时间。

（3）单独按下“秒”按钮，可以观察该管的走时情况，若走时已超过设定时间，则不会换管。此时，必须同时按下“秒”和“停”按钮，将该管走时消为0。

（4）时间显示窗也可以用作定时钟，按住“校”按钮，再按“慢”或“快”按钮，可设置定时钟的时间。

（5）BS型收集器将时间选择旋钮旋至“0”刻度上，收集盘就会作连续转动。

十、H2050R台式高速冷冻离心机操作规程

（1）插上电源，接通电源开关。

（2）按“STOP”键，打开门盖。需运转的转子放置于电机主轴上并锁紧螺母（锁紧后，双手往上提转子应没有间隙）。将离心管放入转子体内，离心管必须成偶数对称放入（事先平衡）。

（3）关上门盖，注意一定要使门盖锁紧，完毕用手检查门盖是否关紧。

（4）设置转子号、转速、温度、时间：在停止状态下时，用户可以设置转子号、转速、温度、时间、上升速率、下降速率；在运行状态下时，用户只能设置转速、温度、时间。

① 设置转子号：按“SET”键，当转子窗口闪烁时，即进入转子号设置，再按“▲”或“▼”键选择离心机本次工作所带的转子号，再按“ENTER”键。注意：设置的转子号要与所选用的转子一致，不可设置错误。

② 设置转速：按“SET”键，当转速窗口闪烁时，即进入转速设置，再按“▲”或“▼”键确定离心机本次工作的转速（各种转子相对应最高转速已固定，设置转速值应低于或等于转子相对应的最高转速），再按“ENTER”键。

③ 设置时间：按“SET”键，当时间窗口闪烁时，即进入时间设置，再按“▲”或“▼”键确定离心机本次工作的时间（时间最长为999分钟，时间为倒计时），再按“ENTER”键。

④ 设置温度：按“SET”键，当温度窗口闪烁时，即进入温度设置，再按“▲”或“▼”键确定离心机的工作的温度，再按“ENTER”键。

⑤ 设置上升/下降速率：按“SET”键，当时间窗口闪烁时，按“▲”或“▼”键，根据不同的转子选择合适的上升/下降速率，再按“ENTER”键。

⑥ 当上述五个步骤完成后，已确认上述所设的转子、转速、温度、时间，按

“START”键启动离心机。

⑦ 在运行当中，如果要看离心力，按下“RCF”键，就显示当时转速下的离心力，3 s钟后自动返回到运行状态。

（5）离心机时间倒计时到“0”时，电机断电，5 s 后开始刹车，离心机将自动停止，当转速接近 0 r/min 时，门锁自动打开。

（6）当转子停转后，打开门盖取出离心管。若运行过程中发生停电，电子门锁不能动作，门盖不能打开。当必须打开门盖时，可使用随机带的小杆插入离心机右侧小孔内，对准门锁拉杆，将拉杆向前推进而打开门锁。

（7）关断电源开关，离心机断电。

十一、YC-015 实验型喷雾干燥机操作规程

1．开机及准备

用双手将干燥室托住然后斜插入干燥室固定卡箍里，锁紧干燥室锁紧螺母即可（以干燥室可以在卡箍里转动为准）。将旋风分离器锁紧螺母，密封圈及不锈钢垫片套入旋风分离器的出风管上，然后一起插入设备出风管中，调节干燥室出风口与旋风分离器进风口的位置，使两个口平直对齐，用卡箍将两个口连接起来，最后锁紧旋风分离器锁紧螺母。用卡箍将集料瓶和旋风分离器连接起来。用卡箍将集料管和干燥室连接起来。将喷雾腔安装到设备上，连接4 mm气管（通针用）和6 mm气管（喷雾用）。安装食品级硅胶管至蠕动泵上，并插入喷雾腔进料口。安装完毕以后，接通电源，触摸屏显示界面（一），可通过点击F3（或点击触摸屏上任何一个地方）进入界面（二）。点击手动画面可进入界面（三），点击自动画面可进入界面（四），点击参数设置可进入界面（五），点击下一页进入界面（六），点击主画面回到界面（二）。

（1）手动控制。蠕动泵：控制蠕动泵的运行，点击蠕动泵停止中按钮，蠕动泵启动（显示运行中），点击运行中，蠕动泵停止（显示停止中）。风机：控制风机的启动和停止，点击风机按钮停止中（上面），风机启动（显示运行中），点击运行中，风机停止（显示停止中）。通针：控制通针的启动和停止，点击通针按钮停止中，通针启动（显示运行中），点击运行中，通针停止（显示停止中），通针的运行速度在界面（五）中通过改变通针设定的设定值来改变运行频率。空气压缩机：控制空压机的启动和停止，点击空气压缩机停止中按钮，空气压缩机自动启动（显示运行中），点击运行中，空气压缩机自动停止（显示停止中）。

（2）自动控制。进入界面（五）后，按干燥工艺要求设置各个参数，参数设定后，点击自动工作回到界面（四），点击停止中按钮，程序自动控制整个实验过程（如到了设定进风温度，蠕动泵自动启动进料）。料喷完后，将进料管换至清水中，待料管中的料逐渐变清，从水中提出料管，直至料管中的水喷完，点击右上角运行中按钮，结束本次试验。

2．参数设置说明

（1）风机设定。设定风机的转动频率，点击数值框，弹出数字键盘，按“CLR”键将数字清零，然后输入所需的值，按“Enter”键修改完毕（一般设定值在 18～55）。

（2）通针设定。设定通针的运行频率，数值代表几秒钟启动一次，点击数值框，弹出数字键盘，按“CLR”键数字清零，然后输入所需的值，按“Enter”键修改完毕。

（3）蠕动泵设置。设定蠕动泵的转速（一般为20～50），点击数值框，弹出数字键

盘，按CLR键将数字清零，然后输入所需的值，按“Enter”键修改完毕。

（4）进风温度设定。调整进风温度的稳定性，设定进风温度，点击数值框，弹出数字键盘，按CLR键将数字清零，然后输入所需的值，按工艺要求设定进风温度（一般200℃～230℃），按“Enter”键修改完毕。

参数设置结束后，点击自动工作进入界面（四），点击右上角停止中，设备进入程序自动控制，喷料及喷水结束后，点击右上角运行中，程序自动控制停止（注：进风温度高于90℃，风机不会停止运行）。

3．注意事项

（1）所有玻璃器件均为易碎品，安装、拆卸和清洗时注意小心轻放。

（2）确认所有的部件都已安装到位后再通电操作。

十二、凝胶成像系统操作规程

（1）打开凝胶成像系统开关。

（2）打开电脑，打开并进入成像软件。

（3）打开凝胶系统门，将制好的凝胶水平放入凝胶系统平台中央，关上凝胶系统门。

（4）选择合适的光波长。312 nm紫外透射工作台；254 nm紫外反射灯；365 nm紫外反射灯。左右侧灯每个灯上分别装有一只 254 nm、365 nm 的紫外灯管，这样光从左右两侧发出，紫外光源的作用是：紫外光照射经 EB 染色的凝胶会发出明亮的荧光。不同波长的紫外光对不同染色的凝胶激发作用也不尽相同。

（5）点击成像软件上方的工具栏中的绿色荧光按钮，即可得到凝胶像。

十三、YC-1 系列层析冷柜操作规程

（1）将电源插入独立的电源插座（220V　50Hz　10A）。

（2）总电源：打开总电源开关，此时数字温度显示器显示柜内温度。按照上述设置方法设置温度及报警值。

（3）制冷：按下制冷开关，制冷系统开始工作。

（4）照明开关：控制箱内照明灯。

（5）消毒开关：控制柜内紫外消毒灯。

（6）防露开关：防止门框四周结露，一般情况下可不使用，当空气潮湿，门框四周出现结露现象，则打开防露开关，使门框保持干燥。

（7）内电源：为柜内上下两个电源插座供电，方便实验时柜内用电。

（8）除霜：如果柜内湿度偏高，可能导致吊顶蒸发器结霜堵塞风道，导致制冷速度下降或丧失制冷功能，此时应关闭制冷，并打开除霜开关，通过电加热器对蒸发器加温，达到除霜目的。除霜完毕，关闭此开关，重新开机工作。

（9）报警开关：开机时应先关闭，等冷柜内温度到达设定温度范围（2℃～6℃）后再打开。否则，由于室温高于所设的高温报警上限，开机即处于报警状态。

（10）声光报警器：当温度超出报警范围时，报警器发光并鸣叫。

（11）关机：其余功能开关关闭后，最后关总电源开关。

参 考 文 献

[1] 孙诗清，王玉洁，刘晓侠，等．超声波辅助双水相提取虫草多糖的工艺研究[J]．安徽农业科学，2012，33：16392-16394．

[2] 刘叶青．生物分离工程实验[M]．北京：高等教育出版社，2007．

[3] 邵伟，张立强，王春香，等．HPLC 法测定甘草酸单钾盐的血药浓度及药代动力学研究[J]．中药材，2001，24（8）：584-585．

[4] 徐国想．化工原理实验[M]．南京：南京大学出版社，2006．